マインドマップで表現されたソフトウェアテスト

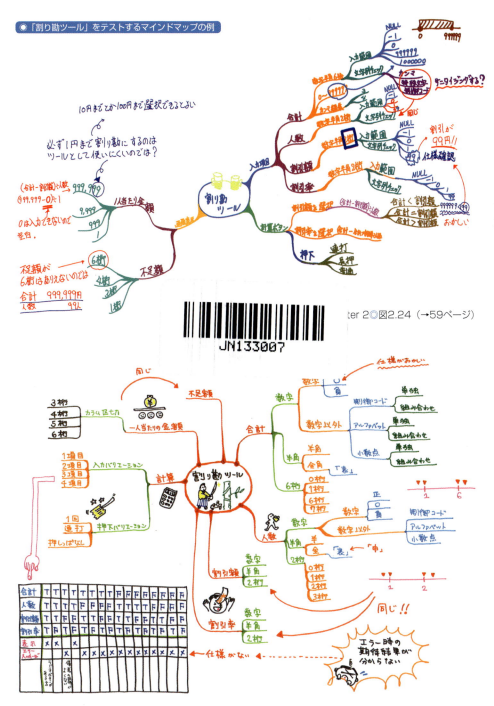

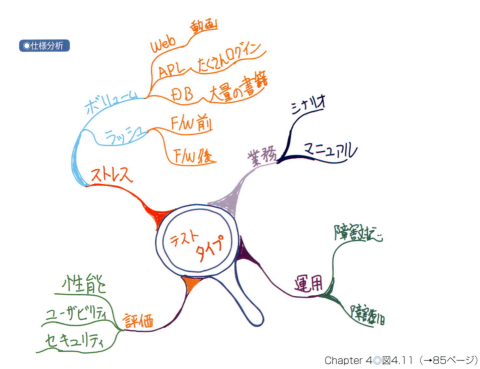

Chapter 4◎図4.11（→85ページ）

Chapter 5◎図5.6（→98ページ）

マインドマップで表現されたソフトウェアテスト

● テスト設計

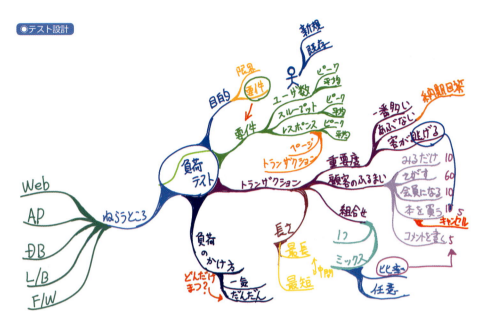

Chapter 6◎図6.16 (→128ページ)

● テスト実装

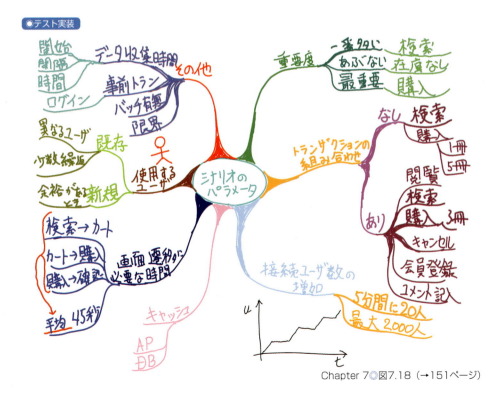

Chapter 7◎図7.18 (→151ページ)

●テスト実行

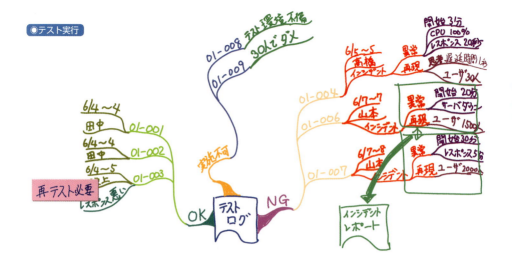

Chapter 8◎図8.15（→174ページ）

●テスト報告

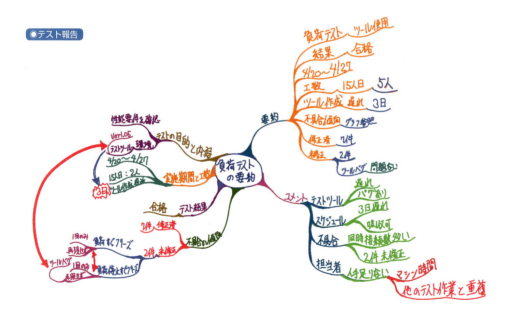

Chapter 9◎図9.10（→191ページ）

推薦のことば

「発想法のツールとして知られているマインドマップを利活用してソフトウェアテストをやっています！」。そんな話を、筆者の一人から聞いたのは10年以上前のことだったと思う。今回、久しぶりに「推薦のことばを書いてくれませんか？」そんな依頼をもらったので、家の書棚にあった初版本『マインドマップから始めるソフトウェアテスト』をもう一度、ひも解いて読み返してみた。奥付には「平成19年7月25日　初版　第1刷発行」とある。初版本は完売したようで、検索エンジンで見てみると、市場にはすでに「中古本」しか流通しておらず、人気の本らしく、定価の何倍かで取り引きされているのがわかる。

ちょうど10年前は、私は前職の会社の「技師長」という比較的自由な立場で、組込みソフトの開発力強化のため、複数のグループ会社も参加して組織横断で「ETロボコン」の活動を支援したり、「異分野融合を狙って20人規模の異なった組織人たちがアルコール片手に一堂に会して、ワイガヤを進める場」の場設定を10回以上にわたって実施してもらったり、社内ソーシャルネット「こもれび」などで、自由に発信・議論する文化を広める活動の精神的支援をしていた時期と被る。

社会に出て、組織人として所属する閉じた世界だけで10年以上生活すると、どうしても視野が狭くなってしまうため、自分が育ってきた世界とは違う世界を体験し、「自己組織化」力を付ける運動を進めていた時、筆者との出会いがあった。

当時、数百人に及ぶ大勢の人との出会いが、上記の活動を通じて、時には缶ビール片手にface to faceで、あるいは仮想的なバーチャルな世界の上で「議論しあう環境」であったと思うが、その大勢の中の一人である筆者を鮮明に覚えているのは、①「発想法」を支援するマインドマップという世界と、②多少堅苦しい雰囲気のあるソフトウェアテストというまったく違う2つの分野をCONVERGENCE（融合・協創・共創）、橋を架けようとする筆者たちの強い意志に支えられた「柔らか頭」に共感を覚えたからだと思う。それも、社会人として実務・実業をこなしながら、体系化していっているのがすごい。まさに、「実務をやった後、哲学を語る」重要性で、机上の空論ではなく、こういう実学は世界に広がっていくことを確信した。

その後の10年を見てもわかるように、筆者たちが現業で取り組む「情報通信」

という世界はどんどん大規模化していく世界だ。これは、当方が現場で培った「情報制御」という世界とも共通性（アナロジー）が多く、今日作ったものが、5年後、10年後は思いもよらない使われ方をするインフラを提供する世界に発展してきている。ムーアの法則に則って考えると、システムのトランジスタ数は15年経つと1,000倍に増加するのだが、極論すれば、システムの性能が1,000倍になっても、15年前と同じ価格で提供できる世界が実現できるわけである。当然、これを動かすためのソフトウェアの増大は、リニアでなくエキスポーネントで増えていくという、凄まじい世界になる。

その開発に携わるため、新人クンたちも、入社してすぐに、いきなり、大きなシステムに使われるサブシステムの一部を担当する、という荒海に放り込まれたような仕事の進め方になり、彼ら・彼女らにとって、仕事の位置づけをどう理解して、過去の財産（レガシー）と組み合わせ、新しい機能をきっちりとテストして実用に供していくことが最初の仕事になる。その後も、そのシステムの成長とともに、どんどん俯瞰的に見る力を持った中核エンジニアに育っていく力を付けていくこと、これが重要になる。

全体感を持ちながら、その一部の部位をテストする。そういう世界で生き抜くためには、筆者たちが実践し、まとめ上げている「俯瞰的に見る力を持ちながら、テストはローカルで実行する」――「鳥の目で見て、虫の目で刈る」ことが必須で、そのために、マインドマップを多用する手法は時流に乗ったテスト手法だと確信する。

現在、世界は「第4次産業革命」「Society 5.0」「IoT」「ロボット」「AI」「deep learning」「singularity」「abundance」他、「新しさ」が氾濫し、システムテスト、ソフトウェアテストも、こうした世界に対応するための変革が求められる時期を迎えているように思う。改訂新版でプラスαされた新しい哲学なども取り入れ、ただでさえ、こうしたエンジニア集団の枯渇が騒がれている中で、生産性を上げ、ニーズに対応できる部隊の醸成に資する動きを強めてもらえると幸いである。

2019年3月　日本電産 専務執行役
中央モーター基礎技術研究所 所長
福永 泰

推薦のことば
(初版より再掲)

　ソフトウェアのテストや品質に関する書物はたくさん出回っていますが、その多くは、品質は重要！　漏れのない正しいテスト！　など「概念的、あるいは抽象的な規範」に基づいて書かれており、実務にはそれほど役立たないものが多いと今までは感じていました。しかし、つい最近になって、実務に携わる若手エキスパートから有益な書物が続々と出版されはじめ、ソフトウェアテストの世界にも明るい未来を感じています。この『マインドマップから始めるソフトウェアテスト』もそのひとつです。

　この本の何が有益なのかと言うと、「ソフトウェアテストを仕事として実践することが何であるか」について、しっかり書かれていることです。「テスト技法」、「テストマネジメント」、「見える化」などキーワードについては、いろいろな知識が氾濫しています。しかし、小さなプロジェクトであっても、ソフトウェアテストを仕事として達成するには、断片的な知識ではなく、そのプロジェクトにおいて何を行い、何ができないかについて、一貫性を持って考えなければなりません。

　「テスト計画書」と一言では片付けることのできない深い意味があります。エキスパートは「テストの段取りとしての計画」を作り上げ、顧客やメンバーに対して説明し、理解し、納得してもらうことが必要です。そこには2つの大きなテーマがあります。1つは技術的な側面であり、対象となる情報システム（プロダクト）に対して具体的に考え、テストの前提となる仕様や要求事項を明らかにし、対象となるシステムの構造や動作を理解し、用いるテスト技法やテスト環境を具現化し、仕事の段取りとして一貫性を持った計画を作り上げることです。もう1つは人間的な側面であり、その内容を専門知識のない顧客に正しく伝え、協力を得ること、および、経験の浅いメンバーに伝え、疑問点に答え、不足しているスキルを育成するためコーチングを行うことです。

著者らは、この一見相反するテーマに答えるため、テストに関する一連の段取りとしての計画を、新人クンへのOJTとして説明するストーリーで展開しています。この本のテストに関する内容は、新人クン向けのレベルにとどまらず、より高度な内容、たとえばシステム構成とシステム性能評価など、専門書でもあまり取り扱われなかった内容まで含まれており、とても充実したものです。このように内容的に高度なものを、新人クン向けのOJTとしてわかりやすく説明しています。

　新人クンに説明する局面設定は、内容を理解しやすくするだけではなく、新人クンがどのように理解し、どのように誤解を解いていくのかを思考過程にまで入り、解明しています。思考過程を明らかにすることは、利害関係を伴うコミュニケーションにとって必要不可欠な手法ですが、技術系のエキスパートはそれが苦手で、うまくできない現状があります。著者らは、マインドマップを用いて、思考過程を論理的な構造として表すことにより、この課題を解決しようとしています。新人クンとベテランとの思考過程の差を対比によってわかりやすく解説しているので、結論だけでなく思考過程を理解することができ、より応用範囲が広がります。エキスパートにとって、誤解から生じる顧客やメンバーとのトラブルが、相手の思考過程と自分の思考過程の差から生じることに気づけば、誤解を少なくすることができるでしょう。

　このように、この本の特徴は、テスト計画書を作業指示書とはとらえていないことです。技術的な側面と人間的な側面から、知的な協同活動としてソフトウェアテストを行うために必要な段取りと合意、さらにテストへの動機付けにあると感じました。このことは、読者にとっても有益であり、ソフトウェアテストに今までとは違った側面から取り組むことができるでしょう。

　　　　　　　　　　　　　　2007年6月　有限会社 デバッグ工学研究所代表
　　　　　　　　　　　　　　　　　　　　法政大学兼任講師
　　　　　　　　　　　　　　　　　　　　松尾谷 徹

はじめに

　ここ数年でソフトウェアテストの書籍や専門の雑誌は数を増やし、特集記事を見かけることも珍しくなくなってきました。今や書店にはソフトウェアテスト関連コーナーが設置され、情報を得ることが容易になっています。これは非常に喜ばしいことだと言えるでしょう。

　しかし、これらの情報を入手しても、すぐに使いこなすのは難しいと感じてしまい、学んだ知識をなかなか実作業に活かすことができないという人も多いようです。実際、ソフトウェアテストの普及活動の現場でも、そのような声を聞きます。ソフトウェアテストの担当者が伸び悩んでいる原因を探っていくと、テストの「作業工程」と「思考過程」に不安を抱いていることが多いようです。

　テスト活動に取り組むにあたって、どのような作業が必要で、どのように順序立てて行えばいいのかという情報は、今まであまり公開されていなかったように思います。また、テスト計画やテストケースをどのように考えていくのかという情報も少なかったのではないでしょうか。

　そういった背景もあり、著者たちが現場で試行錯誤しながらたどり着いた答えを本書にまとめることとしました。

　本書のコンセプトは、以下のとおりです。

・テスト全体の作業工程を知ること
・テストの思考過程を知ること

　本書を読むことにより、作業工程の全体像を俯瞰し、思考過程の雰囲気をつかんでもらえたらと思います。そして、本来ソフトウェアテストが持っている創造的な側面に気づいていただけたら、筆者としてもうれしい限りです。

本書の対象読者

　本書はソフトウェアテストの経験が少ない方や、職場に配属された新人などにソフトウェアテストについての指導を行う立場の方を読者として想定しています。

　職場に配属されたばかりの新人の方や、
　テスト技術者としてステップアップしたい方

日本では、職場に配属されて最初の仕事が、テストの手伝いであることが多いようです。これは、その職場が作成しているソフトウェアをテストしてもらうことで、そのソフトウェアの機能などを勉強してもらうというねらいがあります。ところが新人の方にしてみれば、先輩から「これ、テストしておいて」と言われても、いったい何をどうしたらいいのかわかりません。学校でソフトウェアを作ることは勉強していても、テストに関してはそうでない場合が多いからです。

本書では、ソフトウェアテストを実施する意義とイメージをつかみ、そして実際の作業に必要な作業工程を理解し、その作業にはどんな勘所があるのかを、マインドマップを描きながら学んでいくことができます。

教育者の立場にあるベテランの開発者やテスト技術者の方

職場に配属されてきた新人に最初の仕事としてテストケースを書かせてみると、新人が単純に仕様書の言葉をテストケース表に書き写しただけのものを作成してくる、という経験をされた方も多いと思います。仕様の行間を読みながら、よく考えて書くようにと指示を出しても、なかなか意図するところが伝わりません。

これはテストケースを作成する前に仕様を検討するということに、新人が慣れていないためです。ベテランであれば頭の中でできることが、新人には非常に難しいのです。これをマインドマップを使うことで自然と"検討する"という作業を身につけさせることができます。まだまだ経験が不足している新人にマインドマップで検討させ、その内容をレビューすることでテストの勘所を指導できるなど、新人指導のツールとして利用することもできます。また、マインドマップを自身の思考ツールとすることで、より品質の高いソフトウェアテストの一助とすることができます。

改訂の方針および謝辞

初版が発行されてから約12年が経ちましたが、その間には多数の現場で本書の内容を実際に現場導入していただき、いくつかの現場ではその成果をJaSSTやSQiPシンポジウム等で論文発表していただきました。本書がソフトウェアテストの改善の一助となったことに幸せと感謝の念に耐えません。

さて、12年も経つと初版当時読者であった初級者が中上級者となり、新人や初級者といった部下の指導にあたる立場となっています。その際に本書を部下に勧めたいというという方も少なからずおられましたが、残念ながら初版は絶版となっておりました。また、最近ソフトウェアテストに取り組み始めた方からも入手方法についてお問い合わせをいただくこともありました。

そのような状況でしたが、この度、再版について多くのご要望をいただいていることを鑑みて技術評論社様にご検討いただいた結果、改訂新版として出版する機会をいただくことになりました。本書の改訂にあたっては以下の方針で行いました。

- 基本的な構成は大きく変更しない
- コラムを追加
- 陳腐化している第Ⅲ部を廃止し、旧第Ⅳ部を新第Ⅲ部として加筆修正する
- ブックガイドの情報を更新
- その他、情報の追加や文章表現、用語の調整

構成は基本的にそのままとして新しい情報を反映するという方針で改訂しましたので、初版の読者には改訂新版は違和感少なくご活用いただけるのではないかと思います。

本書はさまざまな方々のご支援により出版することができました。

まずは日頃から多大なるご支援をいただいている、NPO法人ソフトウェアテスト技術振興協会（ASTER）の会員、ならびにJaSST実行委員の皆様。

本書に対し、推薦のことばをいただいた福永泰様、松尾谷徹様。初版帯コメントをいただいた西康晴様、平鍋健児様。イラストをお寄せいただいた松谷峰生様。

原稿レビューにご協力いただいた、吉澤智美様、湯本剛様、井芹久美子様、手島尚人様、佐藤博之様。

そして、初版編集をご担当いただいた小坂浩史様、改訂新版編集をご担当いただいた緒方研一様。

この場をお借りして、深く御礼を申し上げます。

◎本書に記載された内容は、情報の提供のみを目的としています。したがって、本書を用いた運用は、必ずお客様自身の責任と判断によって行ってください。これらの情報の運用の結果について、技術評論社および著者はいかなる責任も負いません。
◎本書記載の情報は、2019年3月現在のものであり、ご利用時には変更されている場合もあります。
◎マインドマップ、Mind Mapは、Buzan Organisation Limitedの登録商標です。
　Mind Map is a registered trademark of the Buzan Organisation Limited.
◎PMBOKは、米国およびその他の国で登録されたPMI（Project Management Institute）の商標（trademark）です。PMBOKの内容に関する記述は、PMIに著作権があります。
◎その他本書に登場する会社名、製品名などは、一般に各社の登録商標または商標です。
　なお、本文中ではTM、©、®などの表示は省略します。

Software testing with Mind Maps
CONTENTS

推薦のことば　福永 泰 …………………………………………………… 2
推薦のことば（初版より再掲）　松尾谷 徹 ……………………………… 4
はじめに …………………………………………………………………… 6

第 I 部
ソフトウェアテストとマインドマップの基本 ……… 13

Chapter 1
ソフトウェアテストって何？ …………………………………… 14
- **1.1** ソフトウェアテストを行う意義をつかむ ……………… 14
- **1.2** ソフトウェアテストのイメージをつかむ ……………… 23
- **1.3** ソフトウェアテストの作業を知る ……………………… 27
- **1.4** Chapter 1 のまとめ ……………………………………… 37

Chapter 2
マインドマップって何？ ………………………………………… 38
- **2.1** マインドマップの概要を知る …………………………… 38
- **2.2** マインドマップの効果を知る …………………………… 46
- **2.3** ソフトウェアテストへの適用例 ………………………… 50
- **2.4** マインドマップに正解はない …………………………… 60
- **2.5** Chapter 2 のまとめ ……………………………………… 62

　　Column　マインドマップの法則 ………………………………… 62
　　Column　マインドマップのお供にお菓子を ……………………… 64

9

第II部
マインドマップをソフトウェアテストに使ってみよう …… 65

Chapter 3
第II部の流れ ……………………………………………………… 66
- 3.1 仕様分析からテスト報告まで ………………………… 66
- 3.2 ケースの説明 …………………………………………… 68
- 3.3 登場人物の説明 ………………………………………… 69

　　Column　Test.SSFにおけるテストプロセス …………… 70

Chapter 4
仕様分析 ～仕様を分析しよう～ ………………………………… 72
- 4.1 仕様分析の手順を確認する …………………………… 74
- 4.2 要件定義書がある場合 ………………………………… 75
- 4.3 要件定義書がない場合 ………………………………… 81
- 4.4 Chapter 4 のまとめ …………………………………… 88

　　Column　三色ボールペンを使って仕様を確認しよう …… 88

Chapter 5
テスト計画 ～テスト計画を検討しよう～ ……………………… 90
- 5.1 テスト計画の手順を確認する ………………………… 92
- 5.2 テスト計画書の概要(IEEE 829) ……………………… 92
- 5.3 テスト計画を立てる …………………………………… 96
- 5.4 テスト計画はいつ作ればよいのか ………………… 106
- 5.5 Chapter 5 のまとめ ………………………………… 109

　　Column　テストタイプ …………………………………… 109
　　Column　規格と現場のテスト計画項目の違い ………… 112

Chapter 6
テスト設計 〜テスト設計をしよう〜 ……………………………… 114
- **6.1** テスト設計の手順を確認する ……………………………… 117
- **6.2** テスト設計を行う ……………………………………………… 117
- **6.3** Chapter 6 のまとめ ………………………………………… 129

> **Column** テスト項目やテスト観点を見つけるコツ …………… 130

Chapter 7
テスト実装 〜テストケースを作成しよう〜 ……………………… 134
- **7.1** テスト実装の手順を確認する ……………………………… 138
- **7.2** テスト設計（テスト項目）を見直す ………………………… 138
- **7.3** テストパラメータを検討する ……………………………… 141
- **7.4** 期待結果を検討する ………………………………………… 150
- **7.5** テストケースのテンプレートを検討する ………………… 151
- **7.6** Chapter 7 のまとめ ………………………………………… 156

> **Column** テストケースの種類 ……………………………………… 157

Chapter 8
テスト実行 〜テストログとインシデントレポートを書こう〜 … 158
- **8.1** テスト実行の手順を確認する ……………………………… 160
- **8.2** テストログとインシデントレポート ……………………… 160
- **8.3** テストログの内容を検討する ……………………………… 162
- **8.4** テストログをまとめる ……………………………………… 164
- **8.5** インシデントレポートを検討する ………………………… 169
- **8.6** インシデントレポートを書く ……………………………… 171
- **8.7** Chapter 8 のまとめ ………………………………………… 175

> **Column** インシデントレポートの管理にはBTSを活用しよう …… 176

Chapter 9
テスト報告 〜報告書を作成しよう〜　　　178
- **9.1** テスト報告の手順を確認する　　　181
- **9.2** テスト報告書のテンプレートを作成する　　　181
- **9.3** マインドマップで要約する　　　186
- **9.4** Chapter 9 のまとめ　　　191

Column　ISO/IEC/IEEE 29119におけるテスト報告書の項目……192

第Ⅲ部
本書のまとめ　　　193

Chapter 10
まとめ 〜さらにテストの品質を向上し、
マインドマップを活用するために〜　　　194
- **10.1** 第Ⅰ部と第Ⅱ部のまとめ　　　194
- **10.2** さらにテストの品質を向上するために　　　195
- **10.3** マインドマップを活用するために　　　204
- **10.4** Chapter 10 のまとめ　　　209

ブックガイド　　　210
INDEX　　　220
あとがき　　　222

Software testing with Mind Maps

第Ⅰ部
ソフトウェアテストとマインドマップの基本

「ソフトウェアテストってなんだろう？」
「マインドマップってなんだろう？」

第Ⅰ部では、本書の詳しい中身に入る前にまずソフトウェアテストとマインドマップの概要について説明を行います。おおまかなイメージをつかみましょう。

THEME

Software testing with Mind Maps

第Ⅰ部●ソフトウェアテストとマインドマップの基本

Chapter 1 ソフトウェアテストって何？

本章では、ソフトウェアテストの意義やテストプロセスの基本を解説します。

1.1 ソフトウェアテストを行う意義をつかむ

●ソフトウェアテストという用語、説明できますか？

皆さんは「ソフトウェアテスト」と聞いて、どのようなものかすぐに答えられるでしょうか。ソフトウェアをお客様にお渡しする前に動かして、変な動きをしないか確認することでしょうか。それとも、ソフトウェアの処理速度が速いかどうか試してみることでしょうか。

また、ソフトウェアテストにはどのような作業が必要で、どのような順番で行うのでしょうか。何がOKだったらテストに合格したことになるのでしょうか。何を満たせばテストを終了したことになるのでしょうか。

ソフトウェアテストという技術の説明を求められたとき、思わず腕組みをして考え込んでしまう人も多いのではないでしょうか。ソフトウェア開発の仕事に長年従事しているベテラン技術者であっても明快に説明できる人は案外少ないようです。

ソフトウェアテストの定義そのものは、ISOやIEEEといった規格に

書かれています。しかし、規格や標準に書かれていることは難解な表現であることが多いので、それをベテランが読み解いて新人や初級者に説明したり、新人が自ら読み解こうとしたりするのは難しいでしょう。

●ソフトウェアテストは、なぜやらなければならないのか

本来であればソフトウェアテストの定義をベースに話を進めるのが良いのですが、そうすると本書の読者である初級者には内容が難しくなり混乱させてしまうこととなるでしょう。そこで本書では"定義"の説明は行いません。その代わり、ソフトウェアテストは、なぜやらなければならないのかという、テストを仕事として行う"意義"を説明します。

> **ソフトウェアテストを行う意義**
>
> ソフトウェアテストを行うと、ソフトウェアが作られていく過程で入り込んでしまう"バグ"を発見することができ、そのバグを開発者が修正することによって、ソフトウェアをお客様が安心して利用することができるようになる。

この説明を読んで、どのような感想を持ったでしょうか。ふ〜ん、そうなんだという感じでしょうか。

この「意義」の中で重要なのは、**"バグ"を発見することができ**という部分です。この"バグ"は、ソフトウェア上の間違いや不具合であったり、ソフトウェアを作る過程でまとめられる仕様書や設計書の記載内容の誤りのことです[※1]。

このバグが残っていると、完成したソフトを動作させたときにおかしな動きをすることになります。場合によっては、まったく動かないということもあります。簡単に書くと、ソフトウェアテストはソフトウェアが正しく動かない原因となるさまざまなバグを発見する作業ということになります。

※1 「バグ」は現象の内容や組織によって、エラー、欠陥、故障、不具合、ミス、不良、障害、などさまざまな用語が使われています。本書第Ⅰ部ではわかりやすさを優先して、それらの総称として「バグ」を使用しています。なお、第Ⅱ部では、バグ認定された事象や現象に「不具合」、不具合の可能性がある事象や現象に「異常」を使用しています。

第Ⅰ部 ソフトウェアテストとマインドマップの基本

第Ⅱ部 マインドマップをソフトウェアテストに使ってみよう

第Ⅲ部 本書のまとめ

15

Chapter 1 ソフトウェアテストって何？

　ソフトウェアテストによってバグを発見し、デバッグ※2 によってバグを修正すると、ソフトウェアはおかしな動きをしなくなります。つまり「ちゃんと動く」状況になります。そして、この「ちゃんと動く」ということが重要なのです。

　お店で電化製品を買ってくることを想像してください。たとえば洗濯機を買ってきたとします。もちろん目的は毎日の洗濯をするためです。洗濯機を買うことによって、洗濯物を手で洗うというたいへん手間がかかる作業を楽にすることができます。購入者はそこに価値を感じて、安くないお金を支払って洗濯機を買ってきます。

　さて、買ってきた洗濯機を設置して毎日使うことになるわけですが、洗濯ボタンを押したのに動かないとか、洗濯が途中で止まっているとか、変な動きをするということになるとどうでしょうか。おそらくお店に電話をして、その製品を取り替えてもらうことになるでしょう。それは当たり前の行為です。製品が動くことを前提で購入するわけですから。

　ソフトウェアについてもまったく同様のことが言えます。買ってきたソフトウェアが正しく動作しなければ、取り替えてもらうことになるでしょう。

　このようなことが起きないようにソフトウェアテストを行います。ソ

※2　デバッグとは、ソフトウェアテストによって発見されたバグを修正することです。ソフトウェアテストとデバッグを混同して使っている人もいますが、本来はまったく違う作業であることを理解してください。

フトウェアのバグを発見し、デバッグによってそのバグを修正します。そして、正しく修正されたことを確認するために、もう一度テストします。最終的に、ソフトウェアテストで発見したバグはすべて修正され、お客様の手元には正しく動くソフトウェアが届けられることになります。正しく動くソフトウェアを受け取ったお客様は、きっと安心してソフトウェアを使うことができるでしょう。

つまり、ソフトウェアテストを実施する意義とは、お客様がソフトウェアを利用するうえでの「安心感を提供すること」と言えるのです。

●バグが残ったソフトウェアを受け取ったお客様の気持ち

開発したソフトウェアにバグが残ったままの状態で出荷・リリースした場合について、もう少し具体的に考えてみましょう。

たとえば、皆さんがスマートフォンを買ってきたとします。現在のスマートフォンは、メッセージ機能や地図閲覧機能、音楽再生機能やゲーム機能などたくさんの機能が入っています。ハードウェアで実現されている機能もありますが、ほとんどの機能はスマートフォン上で動作するソフトウェアによって実現されています。ですから、このソフトウェアが正しく動くことが非常に大事なことになっています。

スマートフォン上で動作するソフトウェアにバグが残っている場合どのようなことになるのか、いくつか例を挙げてみます。

- ●電波の受信レベルは最高なのに、メッセージが送信できない
- ●メニューやメッセージが文字化けする
- ●アドレス帳に登録ができない、勝手にデータが消える
- ●目覚ましを設定しているのに、時間通りにアラームが鳴らない
- ●操作中に無反応になったり、勝手に電源が落ちる

挙げればきりがありません。Webや新聞の記事を読めば、他にもたくさんの事例を見つけることができるでしょう。このような現象が、皆さんの手持ちのスマートフォンに起きたらどのように感じるでしょうか。

Chapter 1 ソフトウェアテストって何?

きっと、そのスマートフォンを使い続けることに不安を感じたり、イライラしたりするかもしれません。ひょっとするとあきらめて、使わなくなるかもしれません。場合によっては、サポートセンターのお客様窓口にクレームの電話をかけたり、返品するかもしれません。いずれにしても、すごく嫌な気分になるでしょう。せっかく気持ちよく使いたいのに、不愉快になってしまいます。

　一度そんな嫌な思いをするとどうでしょうか。そのスマートフォンの後継機にあたる機種は買いますか？　後継機でなくても同じメーカのスマートフォンは買いますか？

　程度の差こそあれ、買うことに躊躇してしまうのではないかと思います。また、あまりにひどい現象だった場合、作っているメーカ自体に不信感を持ってしまい、そのメーカが作っているスマートフォン以外の製品、たとえば冷蔵庫や洗濯機、テレビやパソコンにいたるまで購入を控えるかもしれません。

　バグが残ったままリリース・出荷してしまうことで、お客様を嫌な気分にさせてしまうだけではなく、不信感を与えてしまうのは本当に申し訳ないことです。そして、それはお客様、メーカ双方にとって不幸です。

●ソフトウェアの出荷後に
バグが発見された場合のメーカへの影響

　先ほどのスマートフォンの例では、スマートフォンを使うお客様の立場を取り上げました。では、ソフトウェアを作るメーカの立場ではどのような影響があるでしょうか。ソフトウェアのリリース・出荷後にバグが発見されてしまった場合に発生する、代表的な作業を挙げてみます。

　①ソフトウェアや機器の回収
　②バグの調査と分析
　③バグの修正（デバッグ）
　④修正されたバグについての再テスト
　⑤新しいバージョンの生産
　⑥新しいバージョンのお客様への送付

　以上は非常に簡単な例ですが、多くの作業が必要になることがわかるでしょう。また、これらの作業は非常に多くの時間と費用を必要とします。
　この一連の作業について、どれだけ費用がかかるかを具体的に考えてみましょう。たとえば、あるゲームをパッケージソフトとして出荷した後に、ゲームプレイ上致命的なバグが見つかり、検討の結果ソフトを回収して修正版を提供することになったと仮定します。

　出荷本数やパッケージ回収費用、ソフトウェアの修正にかかる人数と時間など、コストを試算してみると次のようになります。

出荷本数	10万本
回収費用	送料700円
②～④にかかる人数	15人（時給2,000円）
②～④にかかる時間	1ヵ月（8時間×30日＝240時間）
生産費用	1本500円
送付費用	送料700円

この試算されたコストを元にゲームソフトを回収して、修正して、再生産して、送付する場合、その総額は次のようになります。

①ソフトウェアや機器の回収
　10万本×送料700円　　　　　　＝　**7,000万円**

②バグの調査と分析〜④修正されたバグについてのテスト
　15人×時給2,000円×240時間　　＝　**720万円**

⑤新しいバージョンの製品の生産
　10万本×1本あたり500円　　　　＝　**5,000万円**

⑥新しいバージョンのお客様への送付
　10万本×送料700円　　　　　　＝　**7,000万円**

①〜⑥までの合計
　　　　　　　　　　　　　　　　　　19,720万円

なんと、約2億円!!!

実際にはこれらの作業の他にも、電話窓口の設置や発送作業を行う人員にかかる費用もありますので、コストはさらにかさんでいきます。たっ

た1つのバグが、実に大きな損害を与えてしまうのです。

　場合によっては、お客様から損害賠償を求められたり、Webや新聞・テレビへの告知広告を行う必要が生じることもあります。こうなってしまうと、コストだけの問題ではすみません。お客様の信頼を失ってしまい、その会社自身のブランドにも大きな影響を及ぼしてしまいます。多額のコスト、そして信頼感の失墜により、最悪の場合会社が倒産してしまうという事態もあり得ますし、実際にそういった事例もあります。

　バグは決してあなどっていけないのです。

●ソフトウェアテストを行う意義

　バグがお客様とメーカに与える影響について説明してきました。バグというものは、お客様とメーカ双方に大きな影響を与えます。そしてそれはハッピーなことではありません。

　だからこそ、バグを取り除くために行われるソフトウェアテストは、大きな意義があるのです。

　さて、冒頭で以下のように説明しました。

> **ソフトウェアテストを行う意義**
>
> 　ソフトウェアテストを行うと、ソフトウェアが作られていく過程で入り込んでしまう"バグ"を発見することができ、そのバグを開発者が修正することによって、ソフトウェアをお客様が安心して利用することができるようになる。

　ここまで読み進めた方なら、この説明では足りないことがわかりますね。追記してみましょう。

Chapter 1 ソフトウェアテストって何?

> **ソフトウェアテストを行う意義**
>
> 　ソフトウェアテストを行うと、ソフトウェアが作られていく過程で入り込んでしまう"バグ"を発見することができ、そのバグを開発者が修正することによって、ソフトウェアをお客様が安心して利用することができるようになる。
>
> 　また、リリース・出荷後にバグが出ないことで、ソフトウェアの回収や修正などに必要なコストを抑制し、企業のイメージ低下、ひいては倒産を防ぐことができる。

　これがソフトウェアテストを行う意義です。

　洗濯機とスマートフォン、ゲームソフトの例を挙げましたが、たった一個のバグが、お客様に不利益を与えるどころか、会社の業績を左右することもあります。また、公共システムにバグが存在することで社会インフラが麻痺してしまい、社会全体に影響を与えてしまったこともあります。ロケットに組み込まれたソフトウェアのバグが原因で打ち上げ途中にロケットが爆発したり、医療装置の制御ソフトウェアのバグにより尊い人命が失われたこともあります。

　Webや新聞の記事にじっくり目を通してみてください。ソフトウェアのバグに起因する問題が取り上げられない日がほとんどないということに気がつくことでしょう。そして、社会的にもソフトウェアテストに対する要求が大きくなっていることがわかるでしょう。

　今やソフトウェアは身の回りのどこにでも使われています。ソフトウェアを使わずに生活することはできません。ソフトウェアテストにしっかりと取り組むということは、バグというモンスターから、実際のお客様のみならず、企業や社会、そして自分や家族を守ることでもあるのです。

1.2 ソフトウェアテストのイメージをつかむ

●ソフトウェアテストは人間ドック？

　ソフトウェアテストの意義をつかんだところで、次にソフトウェアテストがどのようなものなのか、イメージをつかみましょう。人間ドックの例を用いて説明します。

　人間ドックでは、事前に送付された調査書を元に実施すべき検査の種類やスケジュールを立て、実際に検査を行い、検査の結果から病気や病気の兆候を見つけ出します。そして見つかった病気やその深刻さによって、薬を投与したり手術を行い回復処置をとったりします。また、病気のおそれのある場合については、経過観察を行ったり、より詳しい検査を行います。

　ソフトウェアテストも同様です。事前に入手した仕様書などのテストベースから実施すべきテストの種類やスケジュールを立て、実際にテス

トを行い、その結果からバグを見つけ出します。見つかったバグは、デバッグによって修正します。また、ソフトウェアのある機能にバグが集中しているというような傾向が見てとれた場合、その機能に対してさらに追加のテストを行い、詳しく調べていきます。

●病気を見逃しては意味がない

いくら人間ドックで検査をしたとしても、医者がその結果を見て病気と判断できなければ意味がありません。また、的外れな検査をしても病気を見つけ出すことはできません。

検査を型どおりにやるだけではダメです。どんな病気を見つけたいのか、そのためにはどんな検査を行う必要があるか、そしてその結果をどのような基準で判断するのかを考えなければなりません。

たとえば調査書を確認し、年齢が30歳を超えており体重も随分重いということになれば、成人病のおそれありとしてその分野の検査を重点的に行うでしょう。検査には高度な技術を持つ検査技師があたり、専門的な手法や検査器具を使います。そして、検査の結果をもとに、複数の

項目がそれぞれ一定以上の数値を超えていれば病気と判定するなど、成人病の基準と照らし合わせて判断を行います。

このように、検査を行うためには、その検査方法に対する深い知識や検査器具を扱う技術はもちろん、調査書や検査結果から病気を判断する分析力など、実に多くのスキルを持つ必要があります。これらのスキルを活用することで、質の高い検査を実施することができ、結果として病気の見逃しを防ぐことができます。

ソフトウェアテストも同様です。ソフトウェアテスト技法やテストツールへの深い知識、テスト結果やメトリクスの分析など、専門的なスキルが求められます。そして、それらのスキルを活用して質の高いテストを行うことで、バグの見逃しを防ぐことができるのです。

専門的なスキルを持ち合わせていない人が、適当にテストを実施してしまうと、バグの見逃しが多発し、お客様に大きな迷惑をかけてしまうことになります。

●病気を見つけるだけではダメ

病気を見つけ手術をして回復したとしても、不摂生な生活をしていれば、また同じような病気になってしまいます。再発を防ぐには普段の生活を改め、あらかじめ病気になりにくい生活を送ることが必要となります。風邪を引かないためには、普段から風邪を引かないような生活を送るのが大事ということです。そもそも病気にならなければ、手術や薬は必要ありません。

とはいうものの、いくら気をつけていても病気にかかることはあります。自覚症状があればよいのですが、中には潜伏期間を持っている病気もあります。これらを早期に発見して対処するには、定期的な健康診断を受けることが必要です。

たとえば、ガンは早期に見つければ見つけるほど、簡単な手術や薬の投与で回復することができます。しかし、末期ガンになってしまうと臓器の摘出や、非常に強い副作用を伴う薬の投与が必要となり、非常に大

きな負担を強いられることになります。

　人間ドックでは、検査の結果から、生活習慣の改善アドバイスをしたり、経過観察を行うことで、病気を未然に防ぎ病気の進行を止めるという活動も行います。

　ソフトウェアテストも同様です。ソフトウェアテストはバグを発見するだけではなく、その情報から今後バグを作り込まないように予防のアドバイスを行うことができます。生活習慣の改善アドバイスのように、ソフトウェアテストは、物作りの手順や方法など開発プロセスが持っている問題について、改善を促すことができるのです。

◉ソフトウェアテストは、ソフトウェアという患者に対する医者のようなもの

　これまで人間ドックの例を挙げて説明してきました。簡単にまとめると、「ソフトウェアテストとは、ソフトウェアという患者に対する医者のようなもの」と言うことができるでしょう。

ソフトウェアテストはバグを発見することを大きな目的としていますが、そのためにはテスト方法やツール、そしてバグそのものについての深い知識が必要となります。また、バグやその兆候を見逃さない注意深さと分析力も必要となります。

また、ソフトウェアテストは、そもそもバグが作りこまれないように、開発プロセスに改善を促すことができるのです。

1.3 ソフトウェアテストの作業を知る

これまでの説明で、ソフトウェアテストを行う意義とイメージを掴むことができたかと思います。では実際にソフトウェアテストにはどのような作業があるのでしょうか。本節では、ソフトウェアテストの作業工程を説明していきます。

●開発工程とテスト工程

ソフトウェアテストというと、最終的に完成したソフトウェアを動かしながら正しく動作しているかを確認するだけの作業と思われがちです。しかし、実際にはソフトウェアを開発する中で作成されるすべての成果物（仕様書やプログラムなど）がソフトウェアテストの対象となります。ソフトウェアテストではこれらが正しく作成されているか、バグが混入していないかを確認していきます。

では、これら開発成果物はどのようなタイミングで作成されるのでしょうか。代表的なソフトウェアの開発プロセスを次ページの図1.1に示します。

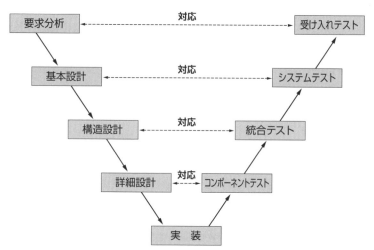

[図1.1◎V字モデルの例]

　これは、**V字モデル**と言います。書籍や組織によって工程の名称が異なることがありますが、概ねこのようなものだと理解してください。本書では、この図に基づいて説明します[※3]。

　V字モデルは、その名のとおり、図の形がVの字に見えることからこのように呼ばれています。

　折り返し部分の左側の「要求分析」「基本設計」「構造設計」「詳細設計」「実装」が開発を行う工程です。右側の「コンポーネントテスト」「統合テスト」「システムテスト」「受け入れテスト」が開発工程によって作成されたソフトウェアに対しテストを行う工程です。ソフトウェアの開発プロセスとはこのように左上の要求分析から始まり、折り返し部分である実装を経て、受け入れテストへ進んでいきます。

　V字モデルでは、開発工程とテスト工程の破線の矢印が示すように、それぞれ対応関係にあります。テスト工程では、対応する開発工程で定義した仕様が正しくソフトウェアに反映されているかどうかを確認するとともに、バグが混入していないかをテストします。たとえばシステムテストでは、基本設計で定義した仕様をインプットとしてテストしてい

[※3] 開発プロセス・スタイルにはV字モデルの他に、近年国内でも導入が進むアジャイルなどがあります。本書では初級者の理解のしやすさを優先して基本となるV字モデルベースの説明を行っていますが、考え方はアジャイルなどのモデル・スタイルと共通している部分も多いです。アジャイルでのテストを知りたい方はブックガイドに紹介している書籍などを参照いただくとよいでしょう。

きます。

V字の『＼』側、つまり、折り返し左の開発工程を説明します（表1.1）。

要求分析工程から徐々にお客様のソフトウェアに対する要求を詳細化し、実装工程でソフトウェアのプログラムコードとしてコーディングします。

要求分析	
作業内容	お客様のソフトウェアやシステムに対する要求を分析整理し、ソフトウェアの機能として実現すべき要件として定義します。
主な成果物	要件定義書
基本設計	
作業内容	要求分析工程で作成された要件定義書に基づいて、ソフトウェアやシステム全体の構成、動作を定義します。
主な成果物	システム仕様書
構造設計	
作業内容	基本設計工程で作成されたシステム仕様書に基づき、ソフトウェアやシステムをモジュールやクラスと呼ばれる機能や責務単位に分割し、機能や振る舞い、他のモジュールとのインターフェースや全体のプログラム構造を定義します。
主な成果物	構造仕様書
詳細設計	
作業内容	構造設計工程で作成された構造仕様書に定義された機能や振る舞いを実際にコーディングするにあたって、詳細なプログラム論理やアルゴリズムを決定します。
主な成果物	詳細仕様書
実　装	
作業内容	要求分析工程から構造設計工程までに段階的に詳細化されたお客様の要求を、詳細仕様書に基づいて、ソフトウェアのプログラムコードとしてコーディングします。
主な成果物	プログラムコード

［表1.1◎開発工程の概要］

続いてV字の『／』側、つまり、折り返し右の部分であるテスト工程について説明します（表1.2）。

このテスト工程では、対応する開発工程の開発成果物、すなわち仕様書に書かれた仕様が、正しく実装工程で作成されたプログラムに反映されているかをテストします。また確認するだけではなく、プログラムに動作不良や間違いがないかをテストします。

コンポーネントテスト	
作業内容	詳細仕様書に基づいてテストケースを作成し、プログラムとつき合わせて確認します。ここでは主にプログラムの内部構造に着目してテストします。
統合テスト	
作業内容	構造仕様書を基に、モジュール間やOS、他のシステムとの相互処理が正しく行われるかをテストします。
システムテスト	
作業内容	システムテストでは、システム仕様書を基にソフトウェアやシステム全体の動きを検証します。ここでは全体の動きの他、使い勝手といった非機能要件についてもテストします。
受け入れテスト	
作業内容	受け入れテストは、要件定義書を基に、そのソフトウェアやシステムが実際にお客様が使えるものになっているかをテストします。 このテスト工程はお客様が主導となって行われる場合が多いです。

［表1.2◎テスト工程の概要］

●各テスト工程での作業工程とその成果物

各開発工程で作成されたそれぞれの仕様書を基にして、対応するテスト工程でテストを行うことを説明しました。では、各テスト工程ではテストを行うためにどのような作業があるのでしょうか。各テスト工程で行われる作業内容とその流れを図1.2に示します。

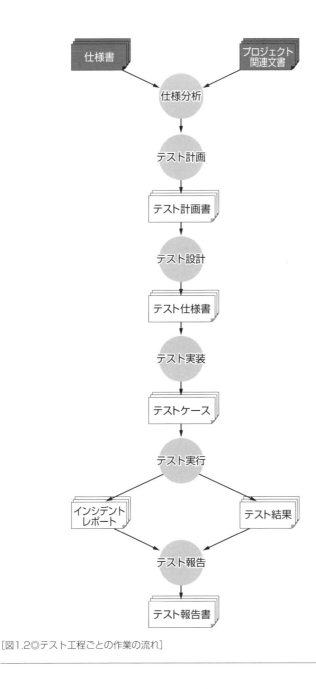

[図1.2◎テスト工程ごとの作業の流れ]

テスト工程に対応する開発工程の開発成果物である仕様書と、開発プロジェクト全体に関する関連文書を入力情報とします。その入力情報に基づいて

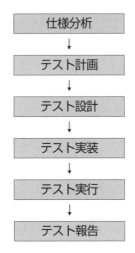

という順番で作業を行います。たとえばシステムテストであれば、対応する基本設計工程の成果物であるシステム仕様書とプロジェクト関連文書を入力情報とし、テスト作業を行っていきます。

ソフトウェアテストというと、手を動かして操作するだけの作業と思われがちですが、実際にはその前後に行う作業があります。テストを実施するための準備作業と、テストが終わった後に行う報告作業が必要です。

では、これらの作業工程を説明します（表1.3参照）。

仕様分析	
作業内容	各テスト工程への入力情報となる、対応する開発工程で作成された仕様書とプロジェクト関連文書を基に、どのような種類のテストを行う必要があるのかを検討します。テストの種類だけではなく、テストの開始／終了条件、人員体制なども洗い出していきます。

テスト計画	
作業内容	仕様分析によって洗い出された情報を計画として作成していきます。
主な成果物	テスト計画書

テスト設計	
作業内容	テストを行うにあたって、さらに細かくテスト項目を洗い出し、テスト項目の組み合わせをテスト仕様としてまとめていきます。
主な成果物	テスト仕様書

テスト実装	
作業内容	テスト仕様書の内容に基づいて、実際にテストケースを作成していきます。
主な成果物	テストケース

テスト実行	
作業内容	テストケースを実行するとともに、その結果を記録していきます。また、バグが発見された場合、その情報をインシデントレポート（バグ票）として発行します。
主な成果物	テストログ、インシデントレポート（バグ票）

テスト報告	
作業内容	テストの終了後、テストの実施結果を基に、テストリーダやプロジェクトマネージャ向けに報告書を作成します。
主な成果物	テスト報告書（テストサマリレポート）

［表1.3◎テスト工程ごとの作業工程］

　コンポーネントテスト、統合テスト、システムテスト、受け入れテストといったテスト工程それぞれで、これらの作業工程を踏む必要があります。各作業工程では成果物が作成され、その情報を元に後工程の作業が進められます。ここでピンと来た方もいるのではないかと思いますが、ソフトウェアテストも、ソフトウェア開発と同様の作業工程を踏むのです。

実際に、テストの作業で作成されるすべての成果物は**テストウェア**と呼ばれ、それらは管理とメンテナンスを行う必要があります。また最終的に全てのテストが終了し、プロジェクトが終了したら、そのテストウェアはソフトウェアの保守部門に引き渡され、保守のための情報として活用されます。

なお、本書では触れませんが、ソフトウェアテストに関わる作業全体にマネジメントが必要であることは言うまでもありません。

●テスト工程とテスト作業を対応付ける

V字モデルと各工程での作業を図にまとめると図1.3のような関係になります。

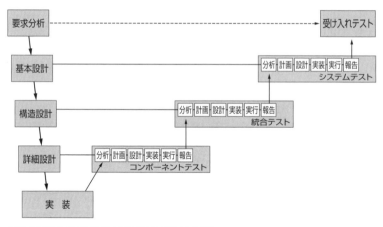

[図1.3◎V字モデルにおける各テスト工程の作業]

対応する開発工程の成果物をもとに、テスト工程での各作業を順番に行っていきます。

なお図1.3では受け入れテストのみテストの作業工程が描かれていません。受け入れテストはお客様が独自に行うことが多いため、省略しています。

基本的にはこのように順序立てて作業を進めていきます。

しかしながら、図1.3の作業の進め方はあまり良いとは言えません。

なぜなら、実装工程が終了するまで、テストに関するすべての作業を待たねばならないからです。

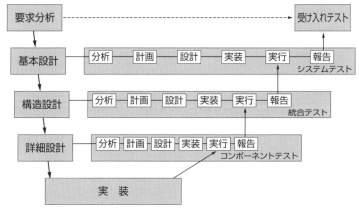

[図1.4◎仕様分析からテスト実装までを前倒しで行う]

図1.4は図1.3の作業の進め方を変えたものです。

開発の実装工程（V字の一番下）の終了を待たずに行うことができる仕様分析〜テスト実装の工程を、対応する開発工程の成果物が完成次第前倒しで行います。

こうすることで、実装工程の終了後、すぐに次のテスト工程のテスト実行に取りかかることができます。

また、たとえばコンポーネントテストの報告作業が終了次第、すぐに統合テストのテスト実行に取りかかることもできます。

こうすることで、結果としてコンポーネントテストからシステムテストの終了までの期間を短縮することができ、開発作業全体としても期間を短縮することができます。

テスト作業に早めに取りかかることの効果は他にもあります。テスト分析を行う中で、ソフトウェアテストの観点から、各種仕様書の仕様の

抜け・漏れや間違いを発見する場合があります。仕様書自体のバグを発見したら、それを開発工程にフィードバックして仕様書のデバッグを行うことで、仕様書そのものの品質が向上します。良いテストを実施するには良い仕様書がテスト工程にインプットされる必要があるため、これはとても重要なことです。また、開発の後工程におけるバグの作り込みも防ぐことができます。

　以上、テストの作業について説明しましたが、最後にもう一度強調しておきます。
　ソフトウェアテストはただソフトウェアを動かして試すのではなく、分析や設計などソフトウェア開発と同じような作業工程を踏みながら行う必要があるのです。

1.4 Chapter 1 のまとめ

◉ソフトウェアテストの意義をつかもう！

> **ソフトウェアテストを行う意義**
>
> 　ソフトウェアテストを行うと、ソフトウェアが作られていく過程で入り込んでしまう"バグ"を発見することができ、そのバグを開発者が修正することによって、ソフトウェアをお客様が安心して利用することができるようになる。
>
> 　また、リリース・出荷後にバグが出ないことで、ソフトウェアの回収や修正などに必要なコストを低減し、企業のイメージ低下、ひいては企業の倒産を防ぐことができる。

◉ソフトウェアテストはソフトウェアという患者に対するお医者さんなのです！

◉ソフトウェアテストは、開発作業と同様の作業を行う必要があります！

Software testing with Mind Maps
第Ⅰ部◉ソフトウェアテストとマインドマップの基本

Chapter 2 マインドマップって何?

本章では、マインドマップの基本を解説します。

2.1 マインドマップの概要を知る

最初に図2.1を見てください。

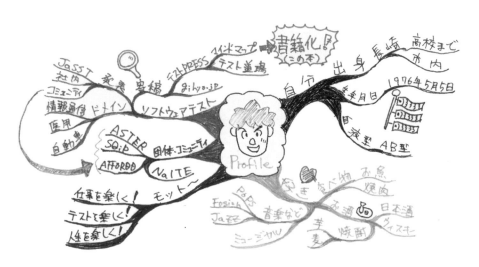

[図2.1◎「自己紹介」マインドマップの例]

この例は自己紹介をテーマとした非常に簡単なマインドマップです。メインテーマとして似顔絵イメージを紙の中央に描き、そこからブランチ（枝）を伸ばしながら自己紹介項目を描いています。

　このマインドマップは次のようにして描きました。頭の中で「自己紹介というと、まずは出身地かな」と考え、「出身」というブランチを伸ばします。そこからさらに「出身は長崎だから」と「長崎」とブランチを伸ばしていきます。

　これを繰り返していくことでマインドマップが完成するというわけです。マップには文字だけでなく絵を使うことで、楽しく、そして見やすくする効果があります。

　なんとなくイメージがつかめたところで細かい説明に入っていきましょう。

●マインドマップの概要

　マインドマップは1960年代にトニー・ブザンによって開発されたノートの記述法です。当初は記録のための技術として利用されていましたが、現在ではさまざまな思考を支援するためのツールとしても広く利用されています。日本においても2000年代に話題となり、その後も普及の一途をたどっているのは読者の方もご存じかと思います。

　マインドマップは我々が身を置くソフトウェア開発の現場でも幅広く利用され、関連する書籍も多数出版されています。また、ソフトウェアテストの現場でも、テスト設計を中心に利用されるのがいまや当たり前の状況となっています。

　マインドマップの特徴は、「放射思考」を使って、ノートの中心にあるセントラルイメージから、ブランチと呼ばれる曲線を延ばし、その上にキーワードを乗せていきます。また、イラストやイメージ図、色、矢印線などを活用して、さらに思考を刺激したり、発想したものを強調したりします。

Chapter 2 マインドマップって何?

●マインドマップのルール

では早速マインドマップを描いてみようと考えた読者もいるかと思いますが、マインドマップを描くためには「マインドマップのルール」を知る必要があります。『記憶力・発想力が驚くほど高まるマインドマップ・ノート術』によると、次の12項目が示されています[※1]。

① 無地の紙を使う
② 横長で使う
③ 中心から描く
④ テーマはイメージで描く
　・枠無し
　・縦横3〜5センチ×3〜5センチ
　・3色以上で
⑤ 1ブランチ＝1ワード
　・ブランチの上にワードを描く
　・ブランチとワードの長さをそろえる
⑥ ワードは単語で書く
　・フレーズで書かない
　・ワードの階層づけをする
⑦ ブランチは曲線で
　・メイン・ブランチはテーマイメージにつなげる
　・メイン・ブランチからサブ・ブランチをつなげる
　・メイン・ブランチからサブ・ブランチの太さを変化(太い→細い)させる
　・分岐は45度ほどの角度をつける
⑧ 強調する
　・シンボルイメージを描く
　・3Dで描く(立体的に)
　・かざり文字をつける
　・カラフルに描く

※1　「マインドマップの12のルール」(『記憶力・発想力が驚くほど高まるマインドマップ・ノート術』ウィリアム・リード 著／フォレスト出版／2005年)。なお、2018年10月に発行された『マインドマップ 最強の教科書』(トニー・ブザン著)では「マインドマップの法則」が紹介されています。こちらについては章末のコラムを参照してください。

⑨ 関連付ける
- 矢印を使う
- 記号を使う
- アウトラインで囲む

⑩ 独自のスタイルで
- ブランチの強調の仕方、イメージの書き方など自分のスタイルを発見しよう

⑪ 創造的に
- ユーモラスなイメージを使う
- 記憶をうながすように

⑫ 楽しむ！

　少し補足をします。紙の中央に置くものを「テーマ」、テーマから最初に伸びる線が「メイン・ブランチ」、更にそこから伸びる線を「ブランチ」と言います※2。

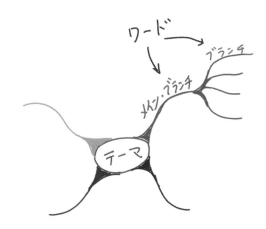

[図2.2◎マインドマップの基本]

※2　本書で使用するマインドマップの用語はマインドマップのルールと同様、『記憶力・発想力が驚くほど高まるマインドマップ・ノート術』に倣います。

Chapter 2 マインドマップって何?

ルールといってもそんなに難しくありませんが、最初から12個も覚えてルールを意識しながら描くのは大変だと思う人もいるでしょう。その場合、

> ③ 中心から描く
> ⑥ ワードは単語で書く
> ⑦ ブランチは曲線で

の3つだけ覚えておきましょう。そのうえで、「⑩独自のスタイルで」とあるように、気軽に自由に、自分の使いやすいように使っていくと、実は知らず知らずのうちに他のルールに沿って描くことができます。

それから、一番大事なことは「⑫楽しむ！」です。マインドマップは発想を助けるツールです。楽しみながら自由な発想で取り組むことが大事です。ルールに縛られすぎて発想が止まってしまっては意味がありません。

●マインドマップの描き方

マインドマップのルールを知ったので、そのルールに沿って描き始めればよいのですが、一度も描いたことがない人は戸惑うことが多いようです。次のように描いてみてください。

①中央にテーマを描きます。

[図2.3]

②右上にメイン・ブランチを描きます。

[図2.4]

③右回り(時計回り)にメイン・ブランチを描いていきます。

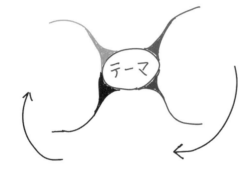

[図2.5]

④放射状にブランチを伸ばしていきます。

[図2.6]

⑤描けなくなった場合、できるだけ空いているスペースに描きます。

[図2.7]

●マインドマップの描く前の準備

マインドマップを描くためにはいくつか準備が必要です。

- ・用紙
- ・多色のボールペンやマジック
- ・その他、シールなど

準備といってもそれほど難しくはありません。身の回りにあるものだけで事足りてしまうはずです。

用紙はできればA3のような大きな紙が良いでしょう。あれこれと描いていくうちにA4サイズだとすぐにスペースが足りなくなってきます。慣れてくれば上手くスペースに納めることもできるようになってくるのですが、まだ慣れていないときには大きめの用紙を使うと良いでしょう。おすすめはA3サイズのスケッチブックです。これなら紙も丈夫ですし、バラバラになることもありません。

多色のボールペンやマジックは、絵や大事なところを目立たせるために使います。これは普通の絵と同じで、色数が多ければそれだけ表現力があがります。12色や24色セットのマジックであれば、先ほどおすすめしたスケッチブックとの相性も良好です。

　その他、シールなども良いでしょう。絵を描くのが苦手だという人は文房具店に売っているシールセットなどを活用するのも一つの手です。

　これらが揃ったら準備は完了です。まだマインドマップを描いたことがない方は、準備が完了したら冒頭の自己紹介のマップを参考にして、マインドマップを描く練習をするとよいでしょう。

Chapter 2 マインドマップって何?

2.2 マインドマップの効果を知る

　2.1節でマインドマップについて説明を行いました。ここで本書のタイトルを思い出してください。『マインドマップから始めるソフトウェアテスト』です。なぜマインドマップをソフトウェアテストに使うのでしょうか。本節ではマインドマップを使うことの効果を説明したいと思います。

　まず初級者によく見られる例を次に示します。

　初級者の場合、図2.8のような仕様が提示されると、図2.9のようなテストケースを書いてしまいがちです。

[図2.8◎画面仕様の例(一部)]

項番	項目
1	メッセージに「入札額が間違っています」と表示されること
2	メッセージに「パスワードが間違っています」と表示されること
3	メッセージに「オークションは終了しました」と表示されること
4	最高入札額が「半角6桁」で表示されること
:	:

[図2.9◎悪いテストケースの書き方（仕様転記法）]

　仕様書に書かれている言葉を裏返し、直接テストケース表に書き写しています。仕様書を見て書いていますから、一見問題ないように見えます。しかし、このようなテストケースの作り方はあまり良い方法とは言えません。

　仕様書を転記する方法は、仕様書の質に依存します。仕様書の質が高ければ問題なくテストケースを作成できます。しかし、いつも質の高い仕様書からテストケースを挙げられるとは限りません。

　この仕様転記法（CPM法：Copy & Paste & Modify法と呼ばれることもあります）は、仕様書に書かれている言葉や内容にかなり影響を受けます。仕様記述が豊富で、さらにソフトウェアテストを考慮した仕様書であれば、問題はありません。しかし、そのような仕様書が作成され、提供されることはあまり多くありません。

　ベテランのソフトウェアテストエンジニアであれば、記述が不十分な仕様書からでも行間を読んだり[3]、今までの経験を参照したりすることができるので、直接テストケース表に書き込んでも大きな問題は起きません。

　しかし、初級者の場合、仕様書から直接テストケース表に書き込んでしまうと、本来テストしなくてはならない項目が漏れてしまいがちになります。初級者は、仕様書に書かれている単語をパズルのピースに見立て、テストケースのフォーマットにはめ込んでいく作業を行いがちだからです。これでは仕様の行間はテストケースに落ちません。また、はめ込まれるピースがはたして妥当なのかどうかという判断がされることもない単純作業として行われてしまいます。

※3　行間を読まなければならない仕様書を書かないように開発プロセスを改善するというアプローチもあります。しかし本書では、ソフトウェアテストに関わる人たちの現状を踏まえて、「行間を読む」アプローチを取っています。

Chapter 2 マインドマップって何?

入札する					
1	メッセージ	テキスト	出力	13文字	・入札額が間違っています　・パスワードが間違っています ・オークションは終了しました
2	入札可能額	数字	出力	6桁	半角,カンマ区切り,「現在の価格」+1から999,999円まで
3	入札額	数字	入力	6桁	半角
4	パスワード	英数字	入力	8桁	半角
5	入札する	ボタン			入札確認画面へ遷移

転記　　　　転記

大項目	中項目	小項目	テスト内容	期待結果
オークション画面	入札する	メッセージ	誤った入札額を入力する	「入札額が間違っています」と表示される

[図2.10◎良くない挙げ方]

　ここにマインドマップを導入する効果があります。マインドマップは「考える」作業です。テストケース表を書く前にマインドマップを描くことによって、仕様書の中身を整理します。整理する作業の中で、さまざまな疑問や確認すべき点、記述漏れなどを発見することができます。

　ベテランのソフトウェアテストエンジニアは、入手した仕様書を深く読み込んでからテストケースを書きます。

　この**深く読み込む行為**、つまり行間を読む行為は、仕様を理解するうえで大切な作業です。マインドマップを描くことで、この作業を単純な転記に終わらせず、「考える」という段階を踏むことができます。そして、考えることで生じた疑問点を先輩などのベテランに聞くことができます。その結果、ベテランの持つ過去の経験からの情報を得ることもでき、教育的効果も期待できるでしょう[※4]。

※4　ベテランの立場としても、初級者が「どのように考えたのか」が可視化されるため、アドバイスしやすくなるというメリットがあります。

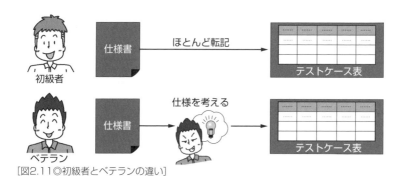

[図2.11◎初級者とベテランの違い]

　つまり、マインドマップを描いている本人は、**ベテランが普段頭の中で行っている作業を、マインドマップを描くことで自然と行うことができる**というわけです。こうしてマインドマップを描いていくうちに、知らず知らずに仕様書の行間を読むという訓練が行われていき、その結果テストケースの品質も上がっていきます。

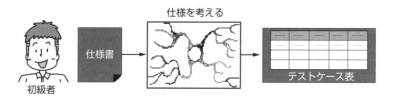

[図2.12◎マインドマップを描くことによる効果]

　プログラムをコーディングする前にUMLによるモデルやフローチャートを作成することに似て、テストケースを作成する前にマインドマップを描くことで、その品質を高めることができるのです。さらに、マインドマップを描くこと自体は楽しんで行いますので、仕様書を読むこと自体のモチベーションを高めることができます。

2.3 ソフトウェアテストへの適用例

　実際にマインドマップをソフトウェアテストに使った例をステップ・バイ・ステップで説明していきましょう。

　マインドマップをソフトウェアテストで使う場合、さまざまな局面で使用することができます。**第Ⅱ部**ではソフトウェアテストの作業工程ごとの利用法を説明していますが、本章ではマインドマップを使うケースが最も多いと思われる**「テスト設計」**を中心に説明をしていきます。

　ここでは、簡単な**割り勘ツール**の仕様書の中身を分析しながら、ソフトウェアテストの観点を挙げていくテスト設計を行います。なお、テスト設計へのマインドマップの適用例の詳細については第Ⅱ部で説明しますので、ここではマインドマップを描いているイメージだけをつかんでください。

　例として挙げる**割り勘ツール**について説明します。
　画面仕様書①（図2.13）は、合計金額や割る人数などの画面イメージを定義しています。
　画面仕様書②（図2.14）は の画面イメージに描かれている入力エリアやボタンの詳細について定義しています。これらの画面イメージに基づいて、実際にソフトウェアの画面が作られていきます。

●仕様の説明

　この仕様書からマインドマップを描いていきます。なお、本来のマインドマップは多色（3色以上）を使って描くのが良いとされていますが、本書における紙面の制約上、白黒で表現されています。

```
　　　　【割り勘ツール】
　合計　[　　　　　　]　円
　人数　[　　　　　　]　人

　◉ 割引額　[　　　　　　]　円
　◯ 割引率　[　　　　　　]　%
　　　　　　　　　　　[計算]

　一人当たりの金額　_____　円
　　　　　　不足額　_____　円
```

[図2.13◎画面仕様書①]

項目名	型	桁数	入出力	備考
合計	数字	半角6桁	入力	入力後、カンマ区切りで表示 最低合計金額：0円
人数	数字	半角2桁	入力	最低人数：1人
割引額	数字	半角2桁	入力	最低割引額：1円　何も入力されていない（空白）の場合、0として扱う
割引率	数字	半角2桁	入力	最低割引率：1%　何も入力されていない（空白）の場合、0として扱う
選択項目	ラジオボタン	──	入力	割引額が割引率のどちらかを選択 デフォルトは割引額
計算ボタン	ボタン	──	入力	押すと1人当たりの金額と不足額を計算する
一人当たり金額	数字	半角6桁	出力	カンマ区切りで表示
不足額	数字	半角6桁	出力	カンマ区切りで表示

[図2.14◎画面仕様書②]

●ステップ1

　A3用紙のような大きな用紙を用意し、横に置きます。そして紙の中央にあたる部分にテスト対象のテーマを描きます。イメージを強く持つために、できる限りイラストで表現しましょう。

[図2.15◎ステップ1]

イラストを用いることにより、楽しい気分になります。この楽しい気分こそがアイデアを生み出す源です。ただし、絵や図が描けないからといって、ここで立ち止まらないでください。慣れてくればイラストを描くことができるようになります。

図2.15（ステップ1）では「割り勘ツール」という文字とジョッキの絵を描いています。

●ステップ2

中央に描かれたテーマからブランチを伸ばし、キーワードや絵を描いていきます。この際、テーマに関連したカテゴリやキーワードを意識して描いていきます。

マインドマップをあまり描いたことがない方の中には、この最初のブランチ（メイン・ブランチ）を描くのに心理的抵抗感を持ってしまう方がいます。きれいに描こうという意識が強かったり、論理的に正しい構造にしたいという思いが強いためです。このような意識状態になると、心理的なプレッシャーがかかり、脳の働きにブレーキがかかってしまいます。これではこの先の作業がなかなか進みません。

最初のブランチ（メイン・ブランチ）を描くのに抵抗を感じているのであれば、慣れるまでの間、メイン・ブランチの候補リストを別の用紙に書き、その候補リストからメイン・ブランチを描くようにします。

または、付箋紙にメイン・ブランチの候補を書いて、全体構造をイメージしても良いかもしれません。どうしてもメイン・ブランチが描けないと思ったら、身の周りの人に相談してみるのもよいでしょう。あまり考え込まずに気楽に描くことが大事です。

[図2.16◎付箋紙を使用した場合]

　メイン・ブランチは必ずテーマにつなげてください。テーマという地面に根を生やすようなイメージでしっかりと付けます。また、ブランチの根本は太く先にいくにつれ細くなるよう曲線を意識して描いてください。

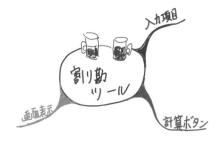

[図2.17◎ステップ2]

　図2.17（ステップ2）では、画面仕様書①（図2.13）を基に、入力項目、計算ボタン、画面表示の各ブランチを右回り（時計回り）に描いていきます。

●ステップ3

　メイン・ブランチを描いたら、それに関連するキーワードを次々に描いていきます。

Chapter 2　マインドマップって何？

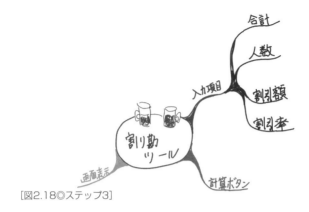

[図2.18◎ステップ3]

　図2.18では入力項目ブランチを伸ばしています。画面仕様書①と②（図2.14）を基に合計、人数、割引額、割引率の各ブランチを伸ばしています。

●ステップ4

　割り勘ツール→入力項目→合計　とブランチを伸ばしてきました。次は合計をさらに伸ばします。

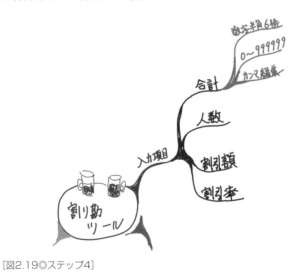

[図2.19◎ステップ4]

図2.19（ステップ4）では、画面仕様書②を基に合計に関わる項目をピックアップして、ブランチに描き込みます。仕様書から「数字、半角、6桁」、「0〜999999」、「カンマ編集」を持ってきています。

　この例では、ある一つのブランチを集中して描いていますが、この方法を推奨しているわけではありません。他のブランチ（たとえば、計算ボタン）に着目して描いてもかまいません。やりやすい方を選んでください。

●ステップ5

　図2.20（ステップ5）では、「数字、半角、6桁」の先に、さらに入力範囲と文字列チェックのブランチを広げています。しかし、実はこのつながりはおかしいということに気づきました。入力範囲と「0〜999999」は同じことを言っています。1つ前のブランチで「0〜999999」と描いているので、観点としてかぶってしまっています。

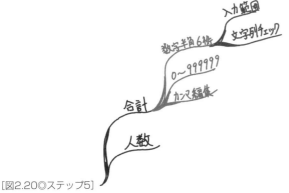

[図2.20◎ステップ5]

　実際のところ、現場でマインドマップを描いていると、このようなことはよくあります。1回の作図で一度も間違わずに描けることの方が少ないのです。

　では、おかしいからといって一から描き直さなければいけないので

しょうか。そんなことはありません。このマインドマップを描いている目的は、テスト設計をするためであり、きれいなマインドマップを作るためではありません。この程度の間違いは、そのままにして続行します。もし気になる点があれば、メモを残します。メモの残し方については、次のステップ6で取り上げます。

◐ステップ6

図2.21（ステップ6）では入力範囲の次のブランチを描いています。境界値を考慮してNULL、-1、0、999999、1000000とブランチを伸ばしています。この箇所で**同値分割・境界値分析**[5]というテスト技法をこの段階で用いています。ブランチだけではなく、数直線も描いてあります。

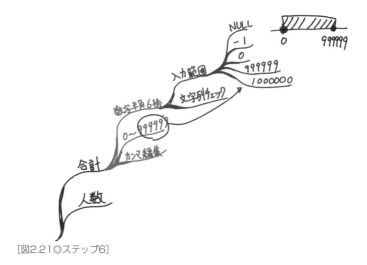

[図2.21◎ステップ6]

このようにテスト技法をどの段階で使うか悩むことなく、自然と適用できるのがマインドマップの良いところです。
0〜999999のブランチから入力範囲のブランチに向かって矢印が延びています。これはステップ5で気がついたことをメモとして残しています。

※5 本書では、同値分割・境界値分析の詳細については解説しません。ソフトウェアテストの技法については、巻末の「ブックガイド」に挙げられている書籍を参照してください。

●ステップ7

図2.22（ステップ7）では文字列チェックの次のブランチを描いています。カンマ、特殊文字、制御コードと描いているときに、ふと疑問に思ったので、「サニタイジングする？[※6]」とコメントを付けています。

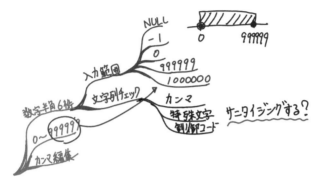

[図2.22◎ステップ7]

疑問に思った事柄や心に浮かんだ言葉などを忘れずにメモしておくと、描いたその時点ではさほど重要と思えない情報でも、全体が描き上がる過程の中で役に立つことがあります。

●ステップ8

図2.23（ステップ8）ではカンマ編集のブランチではなく、人数のブランチでもなく、計算ボタンのブランチまで戻って、次のブランチを描き始めています。「割引額を選択」と「割引率を選択」です。合計のブランチを描いているときに、計算ロジックが気になったからです。

最初からすべて抜けがないように構えて描こうとせず、思いついたままに描いてもらって構いません。

※6 サニタイジングとは、誤動作を誘発する攻撃などを防ぐ目的でWebサイトの入力フォームへの入力データから、HTMLタグ、JavaScript、SQL文などを検出し、それらを他の文字列に置き換える（無害化する）操作のこと。ここでは「サニタイジング操作が実装されていることをテストする必要があるかどうか」を考えています。

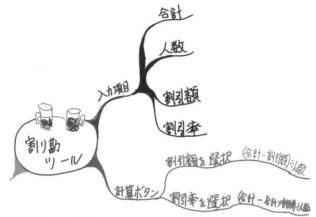

[図2.23◎ステップ8]

●ステップ9

　一通り描き上がったのが図2.24（ステップ9）です。
　さまざまな情報が段階的に整理され、また、疑問や確認すべき情報がメモという形で自然と記述されていることがおわかりになるでしょうか。作成過程で得られる気づきにより、仕様書に書かれていないことや、仕様の抜け・漏れを見つけ出すこともあります。

　このように放射思考を活用して発想を広げて、紙一面すべてを使って思うままに描いてください。慣れないと右側に偏ったりすることもありますが、枚数をこなすことでコツが掴めてきますので、最初のうちはあまり気にしないで描いてください。

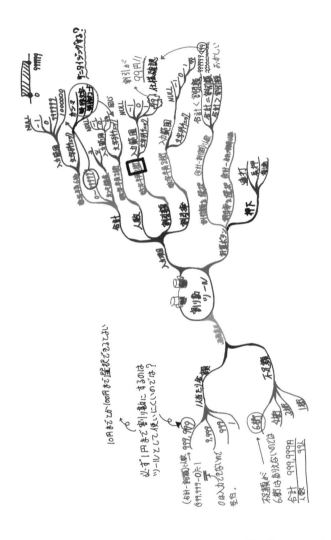

[図2.24◎ステップ9]

　以上、割り勘ツールについて、マインドマップを用いてテスト設計を行いました。あまり深く考えずに、その時々に思いついたことをつらつらと描いていくことで、結果としていろいろな観点を見つけ出すことができました。皆さんも身近な例を使ってマインドマップを描いてみると、よりその効果を体感することができるでしょう。

2.4 マインドマップに正解はない

　前節で、割り勘ツールのテスト設計をマインドマップを使って行いました。しかし、前節で描いた例が唯一の正解例というわけではありません。発想の仕方というものは、人ごとに大きく変わります。ですから、同じテーマでも、隣の人と全然違うマインドマップに仕上がったりするのは珍しいことではなく、ごく自然なことです。

　次の2枚の図は、同じ割り勘ツールについて前節の例とは別の二人に描いてもらったマインドマップです

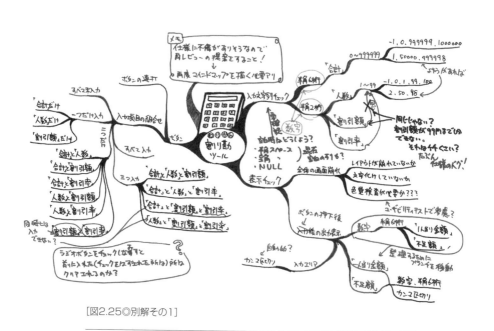

[図2.25◎別解その1]

3人の描いたマインドマップを見比べると、まったく違う絵に仕上がっているのがわかるかと思います。これらはどれが正解でどれが間違いということはありません。それぞれに違う観点から描かれているからです。

　また、よく見比べるとわかりますが、割り勘ツールの仕様の抜けや間違い、不明瞭な点を、それぞれ違った観点から見つけ出しています。複数のメンバーでマインドマップを描き、それらを持ち寄って比較検討することも非常に効果的です。

　マインドマップはそれ自体唯一の正解を導き出すために、ある堅苦しいルールに則って、間違いが入らないように作成していくものではありません。自由な発想で、自由に描いていくことで、いろいろな気づきを得ることが大事なのです。ですので、描く際は、間違いを恐れずに気楽に取り組んでください。そして、それが良いテスト設計につながっていきます。

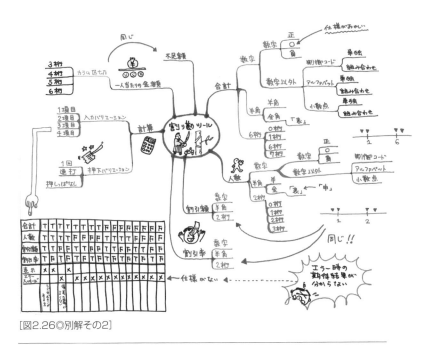

[図2.26◎別解その2]

2.5 Chapter 2 のまとめ

- マインドマップを描くときは、
  - 中心から描く
  - ワードは単語で描く
  - ブランチは曲線で描く

- テストケースを書くとき、仕様の転記はダメ！
- マインドマップを活用して、テストを考えよう！

---

column マインドマップの法則

　本書ではマインドマップについては『記憶力・発想力が驚くほど高まるマインドマップ・ノート術』(ウィリアム・リード 著) で紹介されている「マインドマップの12のルール」を紹介していますが、2018年10月に日本語版が発行された『マインドマップ 最強の教科書』(トニー・ブザン 著) では「マインドマップの法則」が紹介されています。マインドマップの法則を以下に引用します。

●マインドマップの法則
1. 無地の白い紙を、横長に使う。大きめの紙を使い、次から次へとサブ・ブランチを存分に展開できるようにする。

2. 紙の真ん中にセントラル・イメージを描き、3色以上使ってテーマを絵で表す。
3. マインドマップ全体に、イメージ、シンボル、色分け、立体的表現を用いる。
4. キーワードを選び、読みやすい字（英語は大文字）で書き込む。
5. 言葉やイメージ（絵）は一つずつ個別のブランチにのせる。
6. セントラル・イメージから放射状に、流れるようにブランチを描く。ブランチは、中心に近いほど太く、外に向かうほど細かくする。
7. ブランチの長さはその上に記入する言葉やイメージ（絵）の長さとそろえる。
8. マインドマップ全体に色を使い、ブランチは自分なりの方法で色分けする。
9. マーカーなどで強調したり、矢印や接続線を使ったりして、関連する離れた項目同士を結びつける。
10. 見やすさを意識する。スペース配分をよく考えた上で、ブランチの位置を決める。物と物の間のスペースは、物自体と同じくらい大事な場合がある。森の樹々の間隔を思い浮かべてみよう。脳は木ではなく、この隙間を縫いながら、居場所や行く先を認識している。

（『マインドマップ 最強の教科書』p.60から引用）

マインドマップは、現在においても日々進化しています。最新のルールや法則についてはマインドマップ自体の解説書や公式トレーニングにて情報収集するとよいでしょう。

<参考文献>
『マインドマップ 最強の教科書』トニー・ブザン 著、近田 美季子 監、石原 薫 訳／小学館集英社プロダクション／2018年

column マインドマップのお供にお菓子を

　マインドマップを1枚描き上げるのは、見た目ほど簡単な作業ではありません。頭をフル回転させて描いていくため、難しいテーマになればなるほど、マインドマップを描き上げた直後は達成感とともに疲労感も相当なものになります。作業がただの転記のようなものであればあまり頭は使いませんが、発想に発想を重ねていくマインドマップは本当に頭が疲れます。

　著者は、マインドマップに取りかかる際には必ず"お菓子"を手元に準備するようにしています。甘いものを定期的に摂ることで疲労を低減できますし、あごを動かすことで頭もよく働くようになります。次は、お菓子の一例です。

- 飴
- ガム
- チョコレート
- 茎わかめや酢昆布、あたりめ

　上記に共通するのは**手が汚れにくい**ということです。食べるときに手が汚れてしまうと、手を拭くためにペンやマジックから手が離れてしまいます。また、紙に汚れがついてしまうこともあります。その他、ポテトチップスや煎餅などは、ぼろぼろとカスが落ちて紙が汚れてしまいますし、食べるときの音が周りの迷惑になることもあります。

　さて、茎わかめや酢昆布だけは異質で、親父くさいなぁと思われるかもしれませんが、適度にあごを使うので頭がよく働くような気がします。ただこれだけは職場では食べにくいので、もっぱら自宅で描く場合に限られますが…。

　もし第Ⅱ部を読み進めるにあたって、自分も一緒にマインドマップを描いていこうと考えている方は、お菓子を用意するとよいでしょう。

Software testing with Mind Maps

第II部
マインドマップを ソフトウェアテストに 使ってみよう

第I部ではマインドマップの簡単な説明と、テスト設計への応用について述べました。第II部ではそれをふまえて、マインドマップをソフトウェアテスト全般にどのように適用するかについて解説していきます。

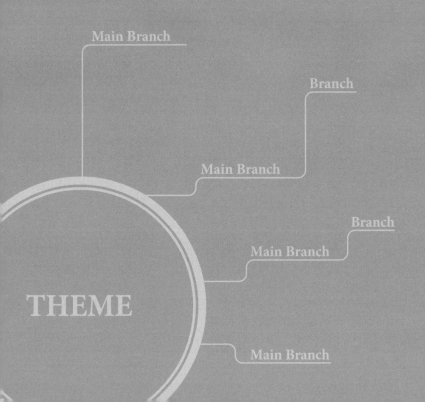

Software testing with Mind Maps
第Ⅱ部●マインドマップをソフトウェアテストに使ってみよう

Chapter 3 第Ⅱ部の流れ

本章では、第Ⅱ部で解説するテスト工程とストーリーケースを説明します。

3.1 仕様分析からテスト報告まで

第Ⅱ部では、**インターネットの書籍販売サイト再構築プロジェクト**におけるソフトウェアテストについて、仕様分析からテスト報告までの作業、およびマインドマップの適用例を説明します。

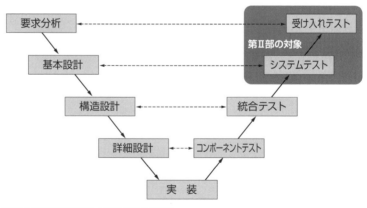

[図3.1◎第Ⅱ部で取り上げるテスト工程]

対象となるテスト工程は、**システムテスト**から**受け入れテスト**の範囲です。大手書籍販売会社から仕事を受注したのですが、お客様には情報システム部門がなく、受け入れテストの観点も含めてテストするという設定です。

　第Ⅱ部の各章（Chapter 4〜9）との対応づけは図3.2のとおりです[※1]。

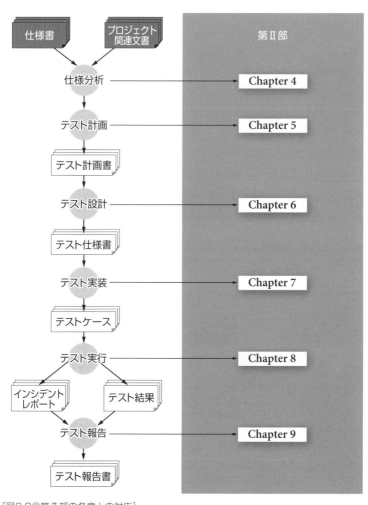

[図3.2◎第Ⅱ部の各章との対応]

※1　このプロセスフローは電気通信大学の西康晴氏のアドバイスをいただきました。特に、分析と計画の分離というアイデアや、テストケースの作成を「テスト実装」と呼んでいるところは、多くの影響を受けています。

3.2 ケースの説明

大手書籍販売会社「さゆり書房」は、今まで主要都市に大型店舗を構え、品ぞろえ一番店を目指すことで、多くの消費者を集め売上を伸ばしてきました。この戦略は成功し、若者の本離れが叫ばれる中、同業他社を上回る成長を実現してきました。

ところが、全国の主だった都市にはすでに出店してしまい、売上の伸びが鈍化し始めました。すでにそのような傾向を摑んでいたものの、今までの成功体験を容易に捨てることはできず、とうとう今年度、創業以来初めて減収となってしまいました。

さゆり書房はこの事態に対応すべく、小都市（小商圏）対応の店舗作りや専門特化型店舗（たとえばコミック専門店）の店舗フォーマット作りなどと合わせて、**Webサイトの見直し**を決めました。

すでにさゆり書房は書籍販売のWebサイトを構築していましたが、そのサイトでの売上は微々たるもので、同業他社のWebサイトと比べても

劣っていました。実店舗に集中していたため、Webサイトがあと回しになっていたのです。

そこで、Webサイト再構築の企画会議が開かれました。そこでは、個人の好みに合わせた**リコメンド**（書籍の推薦）によって消費意欲を活性化し、**ポイントサービス**を導入することで他社への流出を最小限にするなどのアイデアが出てきました。同業他社のWebサイトと代わり映えがしないかもしれませんが、まずはキャッチアップするという方針が優先されました。

さゆり書房は多くのシステム開発会社の中から、経験と実績を買って基盤構築は「いけどん・エンタープライゼス」に、アプリケーション開発は「ミッキーシステムズ」に依頼することに決めました。

我々はアプリケーション開発を担当する**ミッキーシステムズのメンバー**です。さゆり書房の依頼を受けWebサイトを開発することになったのです。

3.3 登場人物の説明

第Ⅱ部では、各章の冒頭で若手技術者とその先輩技術者とのやりとりがあります。また、時折本文にも登場します。

アプリケーション開発を請け負ったミッキーシステムズの入社2年目の若手技術者。
ソフトウェアテストの知識は、書籍を読んだ程度。

アプリケーション開発を請け負ったミッキーシステムズのベテラン技術者。
ソフトウェアテストに関する知識も経験も豊富。

Test.SSFにおけるテストプロセス

本書第1版の出版後にTest.SSFが発表されました。Test.SSFとは、「Skill Standard Frameworkに基づくテスト技術スキルフレームワーク」の略称です。ソフトウェアテストに関わる技術者が、現場でやっていることをテストのスキルとして定義したものになります。

・Test.SSF
http://aster.or.jp/business/testssf.html

Test.SSFでは、次のようなプロセス(Test.SSFではテストライフサイクルと呼んでいます)を定義しています。

本書のプロセスと似ていますが、異なるところもあります。その差異について説明します。

■テスト要求分析

テスト要求分析には、本書で説明している仕様分析の他に、発注者や

開発者からの要望についての分析が含まれます。

　たとえば、どの場所でテストを実施するのか、使用するテストツールは何かなどの要望です。本書では、これらの要望についての分析は含めていませんので、仕様分析と呼んでいます。

■テストアーキテクチャ設計

　テストアーキテクチャ設計では、テスト全体の構造を設計します。本書ではテストタイプを用いたアーキテクチャを採用しており、テストタイプをどのような順番で実施するのかをテスト計画の中で検討しています。そのため、テストアーキテクチャ設計ではなく、テスト計画となっています。

　なお、テストタイプの実施順序で構造を作る方法以外のテストアーキテクチャ・スタイルもあります。

■テスト詳細設計

　テスト詳細設計は、テストアーキテクチャ設計と区別するために"詳細"が付けられたという経緯があります。そのため、本書のテスト設計とほぼ同じ内容です。

■テスト評価

　テスト評価では、テスト活動結果と評価指標を比較し、問題点を抽出し対応策を検討します。本書では構成の都合上入れておりません。

Software testing with Mind Maps
第Ⅱ部●マインドマップをソフトウェアテストに使ってみよう

Chapter 4 仕様分析
~仕様を分析しよう~

　本章では、テスト対象を分析し、どんなテストを実施すればよいのか、考えをまとめる方法の1つとしてマインドマップを使う方法を紹介します。

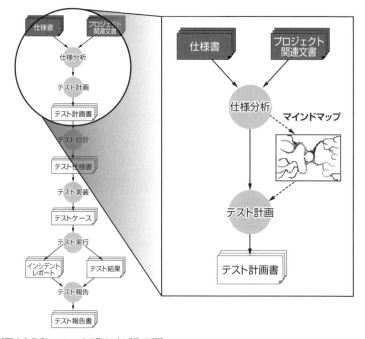

[図4.1◎Chapter 4で取り上げる工程]

先輩、要求仕様のテストを行うようにと言われたのですが、一体何から手を付ければいいのですか？ お客様である「さゆり書房」に問い合わせた方がいいのでしょうか？

そういうときには、まず開発者に「要件定義書」があるかどうか聞くんだ。「要件定義書」とは、ソフトウェアを作成するために、お客様の要求を分析し、仕様として文書に書いてあるものだよ。

「要件定義書」を入手したら、ソフトウェアテストの観点から中身を分析しよう。

　テスト対象を分析するためには、さまざまなドキュメントが必要です。開発に必要な要件定義書やソフトウェア仕様書以外に、プロジェクトの概要がわかるドキュメントも必要です。ドキュメントがなければ、情報を持っていそうな関係者をあたって情報を収集します。

　場合によっては、テスト対象となるソフトウェアの類似商品やサービスをあたることもあります。今回のケースでは、他社から遅れているインターネットサイトのキャッチアップがテーマです。他社に追いつき追い越すために、機能比較表やユーザビリティ評価表などの資料も必要かもしれません。

　このようにさまざまなドキュメントや情報を収集してから、仕様の分析作業に入ります。本章では「要求仕様のテストを行うように」と指示が出ていますので、要件定義書が分析対象です。この分析にマインドマップを活用するのですが、状況によって適用方法が2つに分かれます。要件定義書がそろっていて、しっかりと書かれている場合と、要件定義書が不十分なまま、あまり書かれていない場合です。それぞれどのようなものか見てみましょう。

　なお、本章はまったくのソフトウェアテスト初級者には難しい内容が含まれています。少し読んでわからない箇所があれば、読み飛ばしても

らって構いません。余裕が出てきたときに、もう一度チャレンジしてください。そのとき、先輩たちがどのような考えに基づいて、ソフトウェアテストを行っているのかがわかるようになります。

4.1 仕様分析の手順を確認する

要求仕様の分析作業を行う際、仕様が記述されている**要件定義書**がプロジェクトにあるかないかで、作業の内容が異なってきます。

要件定義書がある場合

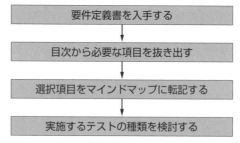

[図4.2◎要件定義書がある場合]

要件定義書がない場合

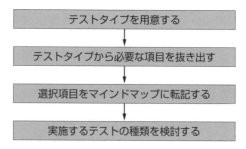

[図4.3◎要件定義書がない場合]

4.2 要件定義書がある場合

　プロジェクトに要件定義書が存在する場合には、その要件定義書を基に分析し、どのようなソフトウェアテストを行うか、つまり、実施するテストの種類を検討します。

　お客様の要求がどのようなものか、システム構築するためにどのような仕様にしたのか、これらを理解することは、プログラムを作るときだけではなく、テストするときにも必要なことです。

　ここまで「要件定義書」と便宜的に呼んでいますが、皆さんの職場では、「要件定義書」という名称で1冊のドキュメントになっていないかもしれません。組織によっては、さまざまな名称で複数のドキュメントを作成して全体を表していることもあります。

　本章では、説明上1冊のドキュメントにまとまっているものとして説明します。要件定義書が次のような目次構成になっていると仮定します。

要件定義書

【目　次】
1. お客様の概要
    1.1　事業内容
    1.2　組織図
2. 現行業務の状況
    2.1　現行業務フロー
    2.2　現行業務の課題
3. 現行システムの状況
    3.1　システム利用状況
    3.2　システム構成
    3.3　アプリケーション構成
    3.4　現行システムの課題

Chapter 4 仕様分析 〜仕様を分析しよう〜

4. 制約条件・前提条件
5. 新システムの概要
   - 5.1 システム化対象範囲
   - 5.2 システム概念図
6. 業務要件
   - 6.1 新業務機能階層
   - 6.2 新業務フロー
7. システム機能要件
   - 7.1 システム機能一覧
   - 7.2 システム機能詳細
8. データ要件
   - 8.1 概念データモデル
   - 8.2 データ容量
9. システム構成要件
   - 9.1 インフラ構成
   - 9.2 アプリケーション構成
10. その他要件[※1]
    - 10.1 セキュリティ要件
    - 10.2 性能要件
    - 10.3 運用要件
    - 10.4 移行要件

　今回取り上げた要件定義書の目次は多少の違いはありますが、多くの組織で比較的よく使われているものを取り上げました。

　このようにしっかりした要件定義書が書かれているのであれば、この要件定義書を使わない手はありません。要件定義書からテストの観点を導き出していきます。具体的には、この目次からマインドマップを作成していきます。

※1　その他要件は、非機能要件と書かれていることもあります。

●ステップ1

　仕様分析するためには、まずはじめに要件定義書をしっかりと読まなくてはいけません。お客様の概要や現行システムの問題点などを理解することが大切だからです。

　目次を見ればわかるように、1冊にまとめるとかなりのページ数になりますから、ボリュームのある文書を読むのは大変かもしれません。直接ソフトウェアテストと関係がないと思われることも、たくさん書かれているからです。

　しかし、一見関係がなさそうでも、ソフトウェアテストを行う際に重要となるキーワードが隠されている可能性があります。特に、現行業務の課題や現行システムの課題には目を通しておかなくてはいけません。その箇所に、お客様の要求や要望が不満という形で現れているからです。要件定義書を一通り読み内容を理解した後、マインドマップの作成に取りかかります。用意した紙の中央に虫眼鏡の絵を描き「要件定義書の分析」と描きました。

[図4.4◎ステップ1]

　「分析」という言葉から連想した「虫眼鏡」を描いています。このように、遊び心を持ってマインドマップを描くことは大切なことです。

●ステップ2

　テスト観点を分析するのに必要な項目を選びます。

Chapter 4 仕様分析 〜仕様を分析しよう〜

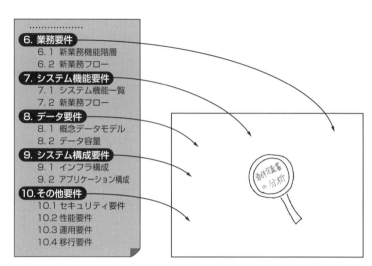

[図4.5◎項目を選ぶ]

慣れないうちは、

「要件定義書の章」→「マインドマップのメイン・ブランチ」

として描いていきます。

ここでは、中央にある虫眼鏡に、要件定義書の目次から選んだ、

6. 業務要件
7. システム機能要件
8. データ要件
9. システム構成要件
10. その他要件

をメイン・ブランチとして描いていきます。

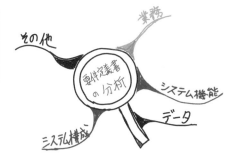

6. 業務要件
7. システム機能要件
8. データ要件
9. システム構成要件
10. その他要件

[図4.6◎ステップ2]

　経験を積んで、マインドマップを描くことや仕様の分析そのものに習熟していくと、「要件定義書の章」→「マインドマップのメイン・ブランチ」という単純な形式ではなく、さまざまな工夫を取り入れられるようになります。

●ステップ3

　要件定義書の章をメイン・ブランチにしましたので、章の下である節レベルをメイン・ブランチにつなげてブランチを伸ばしていきます。ここまでは、目次通りに描いていけばよいので比較的楽に作業できるでしょう。
　要件定義書の節より下のレベルである項を、マインドマップに描くかどうかはケースバイケースです。

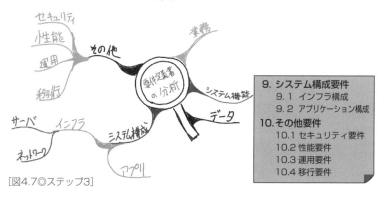

9. システム構成要件
　9.1 インフラ構成
　9.2 アプリケーション構成
10. その他要件
　10.1 セキュリティ要件
　10.2 性能要件
　10.3 運用要件
　10.4 移行要件

[図4.7◎ステップ3]

このマインドマップでは、要件定義書の目次が

9. システム構成要件
　9.1 インフラ構成
　9.2 アプリケーション構成

となっていますので、システム構成のブランチから、インフラのブランチが伸び、インフラからサーバ、ネットワークというように伸ばしています。アプリケーション要件は描くスペースが足りなくなりそうだと判断して、このように曲げて描いています。

◐ステップ4

それぞれのブランチを見て、どんなテストが必要なのか検討します。これまではあまり考えずに、ただ目次を描き写すだけで良かったのですが、ここからは"考える"必要があります。

この考える工程は、今までの経験から学んだ知識をフル活用することになります。なお、職場に配属されたばかりの新人のように、あまり経験を積んでいない人は、この次に述べる「4.3　要件定義書がない場合」に挙げているテストタイプを参考に考えていくとよいでしょう。

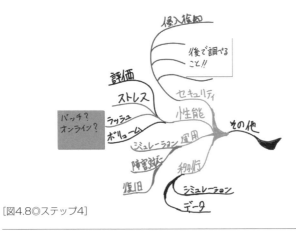

[図4.8◎ステップ4]

描き進めていると、途中で疑問に思ったり、調べ物をしたくなったりします。そのときは、Chapter 2で紹介したように、その疑問点やコメントをマインドマップにそのまま描いてもかまいません。または、図4.8にあるように付箋紙にコメントを記入し、マインドマップに貼っておいてもよいでしょう。

　マインドマップに直接メモを記入することに、抵抗感を持つ人がいます。その場合、付箋紙でも何かの用紙でも構わないので、**疑問点を書き残しておく**ことが大切です。

　メモを残さず疑問点を調べるために席を立ったり、本を探したりすると、今までいろいろと考えてきたことがどこかに行ってしまい、失われてしまうこともあります。席に戻ってきて、「さぁ、もう一度描こう」と思っても、なかなか手が動きません。せっかく疑問点が解消されたのにもかかわらず、思考は止まったままになってしまいます。

　筆者たちはこのような経験を何度もしているので、疑問点があったら、その事実をそのまま描いておき、後で調べるようにしています。このマインドマップはお客様に納品するドキュメントではありませんので、そのようなこともできるのです。

　このように要件定義書の目次から思いつくまま挙げていきます。

4.3 要件定義書がない場合

　要件定義書がないというのは困ったことです。本来実施すべきアプローチは、要件定義書を作るように開発プロセスを改善することでしょう。しかし、プロセス改善の効果を得るには時間がかかります。"今"要件定義書がない場合には、別の方策を考えなくてはいけません。

　要件定義書がないのであれば、すぐにでも**要求をまとめる**ことから始めましょう。議事録を読み返したり、お客様とメールでやりとりした内容を明らかにしなくてはいけません。できるだけのことを実施したうえ

Chapter 4 仕様分析 〜仕様を分析しよう〜

で、ソフトウェアテストのことを考えます。

このような状況でソフトウェアテストについて考えなくてはいけない場合、先人たちが工夫してきた知識を活用することが大切です。その知識を**テストタイプ**と本書では呼ぶこととします。

このテストタイプは、テストする対象のソフトウェアがエンタープライズ系か組込み系かによっても異なりますし、システム形態（Webシステムなのか、汎用機なのか etc.）によっても異なります。本書では汎用的なテストタイプの一例を紹介します。慣れないうちは、そのまま使ってください。慣れてきたら皆さんのプロジェクトに合うように、カスタマイズして使うようにした方がよいでしょう。

本章で使用する（とりあえずの）テストタイプ[2]を表4.1に示します。

本書ではテストタイプを、テストの種類、およびその集まりという意味で緩やかに用いています。「ソフトウェアテスト標準用語集（日本語版）Version 2.3.J02」によればテストタイプとは（以下引用）

> コンポーネント又はシステムをテストするためのテスト活動をまとめたものであり、たとえば機能テスト、使用性テスト、回帰テストなどのように特定のテスト目的に焦点を当てている。テストタイプは一つ又は複数のテストレベル又はテストフェーズで行なわれる。

と説明されています[3]。

●ステップ1

テストタイプを活用してマインドマップを描いて行きましょう。

---

[2] 表 4.1 で提示したものは不完全なものです。すべてのタイプがそろったものは第 5 章のコラムをご参照ください。
[3] 出典:「ソフトウェアテスト標準用語集(日本語版)Version 2.3.J02」Erik van Veenendaal 編、JSTQB 技術委員会 訳／ International Software Testing Qualifications Board ／ 2015 年、p.40

表4.1に挙げたテストタイプの中から[※4]、実施するテストタイプと実施しないテストタイプに分けます（表4.2）。

テストタイプ		
業務系	業務シナリオテスト	お客様の業務が支障なく回ることを確認するテスト
	マニュアルテスト	お客様が使用する操作マニュアルやユーザマニュアルの記述内容に間違いがないかどうか確認するテスト
運用系	オペレーションテスト	運用オペレータが問題なく運用できることを確認するテスト
	障害検知テスト	障害を検知できることを確認するテスト
	障害対応／障害復旧テスト	障害が発生した後、その対応と復旧がスムーズにできることを確認するテスト
評価系	性能テスト	性能要件に達しているかどうか評価するテスト
	ユーザビリティテスト	操作性や視認性を評価するテスト
	セキュリティテスト	セキュリティ対応状況を評価するテスト
ストレス系	ボリュームテスト	大きなデータを用いるテスト
	ストレージテスト	ディスクやメモリが足りない状況を作るテスト
	ラッシュテスト	短時間に大量の処理を行うテスト
	ロングランテスト	長時間稼働させるテスト
環境系	構成テスト	さまざまな構成でも動作することを確認するテスト
	互換性テスト	互換性を確認するテスト

[表4.1◎テストタイプ一覧]

テストタイプ	実施可否	実施しない理由
業務シナリオテスト	○	
マニュアルテスト	○	
オペレーションテスト	×	本番環境で確認するため
障害検知テスト	×	本番環境で確認するため
障害対応／障害復旧テスト	○	
性能テスト	○	
ユーザビリティテスト	○	
セキュリティテスト	○	
ボリュームテスト	○	
ストレージテスト	×	本番環境で確認するため
ラッシュテスト	○	
ロングランテスト	×	本番環境で確認するため
構成テスト	×	請負対象外
互換性テスト	×	請負対象外

[表4.2◎テスト実施の可否を分類]

※4　皆さんの組織でテストタイプが用意されている場合には、そのテストタイプを使用します。

実施しなくてもよい理由がある場合、その理由を列挙しておきます。後々「何故テストを行わなかったのか」という情報が必要になる場合もあるからです。

●ステップ2

実施するテストタイプを決めたら、それらをマインドマップに描き写していきます。中央には、テストの種類という意味で、「テストタイプ」と描いています。

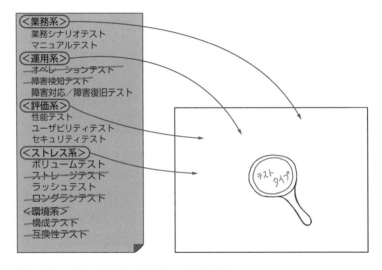

[図4.9◎テストタイプからマインドマップに移す]

メイン・ブランチには、テストタイプの大分類を書いていますが、直接テストタイプ名を描いて構いません。

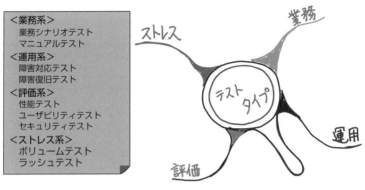

[図4.10◎ステップ2]

 ここでは、「業務系」「運用系」「評価系」「ストレス系」をそれぞれメイン・ブランチとして描いています。

●ステップ3

 メイン・ブランチに続いて各テストタイプをブランチとして伸ばしています。

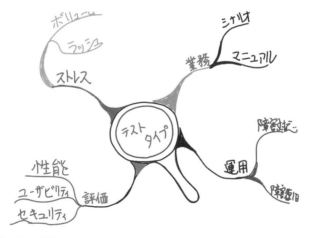

[図4.11◎ステップ3]

●ステップ4

ステップ3までは、あまり考えることをせずに描いていましたが、次のブランチからは頭を使います。

要件定義書がないという状況ですので、一般的なシステム構成や業務、運用をイメージし、ブランチに追記していきます。

参考までに略語について補足しておきます。

APLサーバ：アプリケーションサーバ
DBサーバ：データベースサーバ
F/W：ファイアウォール

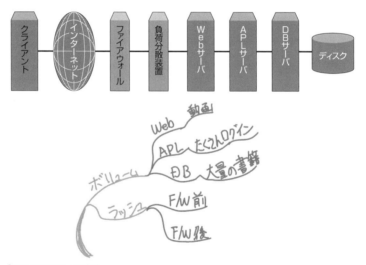

[図4.12◎ステップ4]

ストレス系のテストであるボリュームテストとラッシュテストを例として取り上げます。

ボリュームテストやラッシュテストは、アプリケーション構成だけではなく、システム構成を意識しなくてはなりません。システム構成はWebサーバ、APLサーバ、DBサーバの3層のモデルを想定しています。

ボリュームテストを考えるとき、3層それぞれにボリューム、つまり負荷をかけることをイメージします。

　Webサーバにボリュームをかけるとなるとどうなるのかと考えて、ファイルサイズがとても大きいダウンロードファイルが必要なことに気づきます。ファイルサイズがとても大きいファイルに何があるかと考えて、動画ファイルに行き着きました。

　APLサーバにボリュームをかけるとどうなるのかということを考え、多くの人がログインしている、つまりセッションを保持しているのを思いつきました。「たくさんログイン」の「たくさん」がどれくらいの量かは、テスト設計までに決めます。

　DBサーバでは、大量の書籍データに対して操作していることをイメージしました。「大量」がどれくらいの量かは、同じくテスト設計までに決めます。

　ラッシュテストでは、どこからストレスをかけるかで分けました。ファイアウォールの前と後とでは、テストの意味が異なりますので分けて考えようとしています。

　この他にも各層のレイヤをイメージすることで、より細かいテストを考えることができます。

　このように考えることにより、どんなテストを実施すればよいかが明確になっていきます。

4.4 Chapter 4 のまとめ

- 要件定義書がある場合は
    - 目次を利用してマインドマップを描く
- 要件定義書がない場合は
    - テストタイプを利用して描く
- 今までの経験をフルに活用しよう！

---

column 三色ボールペンを使って仕様を確認しよう

　多くの人は、仕様を読み込むときにただ漫然と読むのではなく、赤ペンを入れたり付箋紙を貼ったりして、書かれている内容を理解しようとします。筆者も『三色ボールペン情報活用術』を読むまでは、赤ペン片手に仕様書を読んでいました。でも、今は違います。三色ボールペンを使って読んでいます。

　三色にはそれぞれに意味があり、『三色ボールペン情報活用術』では

> 赤──客観的に見て、最も重要な箇所
> 青──客観的に見て、まあ重要な箇所
> 緑──主観的に見て、自分がおもしろいと感じたり、
>   興味を抱いたりした箇所
>
> （『三色ボールペン情報活用術』p.38から引用）

とありますが、仕様書を読むときにはこの緑色を少し拡張して、

> 緑──主観的に見て、おかしいと感じた箇所

としています。

　仕様書を読みながら、赤や青の色を使ってチェックをするのは今までどおりです。一番の違いは緑色です。テストの見方で仕様書を読むと、おかしな記述が多く見つかることがあります。この「おかしい」という感じ方を、そのまま緑のボールペンで仕様書に記述していくのです。

　三色ボールペンを使うまでは、仕様書を読みながら違和感を覚えたとしてもそのままにしておくことが多かったように思います。緑色のボールペンを手にしてからは、頭の中に浮かんでくる言葉やイメージをそのまま書いています。感じたことを書くという単純なことですが、後で読み返すと、今まで無視してきた言葉がこんなにも多かったことに驚いてしまいます。さらなる気づきや疑問が生まれ、どんどん仕様の理解が深くなり、今までの読み方がいかに表面的なものであったかがわかり、恥ずかしくなったこともありました。

　皆さんも、マインドマップを描く前の準備として、三色ボールペンを使ってみてはいかがでしょうか？

＜参考文献＞
『三色ボールペン情報活用術』斎藤 孝 著／角川書店／2003年
「三色ボールペンで読む仕様書」鈴木三紀夫 著／
『ソフトウェア・テストPRESS Vol.2』／技術評論社／2005年

Software testing with Mind Maps
第Ⅱ部●マインドマップをソフトウェアテストに使ってみよう

Chapter 5 テスト計画
～テスト計画を検討しよう～

　本章では、マインドマップを使ったテスト計画の立て方を紹介します。アウトプットはテスト計画書です。

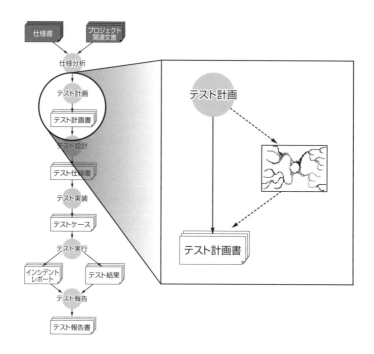

[図5.1◎Chapter 5で取り上げる工程]

要件の分析が終わったら**テスト計画**を作るんですよね？
何をどう計画したらいいのでしょうか？

うちの会社には、**テスト計画書のテンプレート**があるから、それを利用するといいよ。ただ、テンプレートは便利だけれど、計画というものはプロジェクトや作成するシステムによって性格が異なることが多いから、単純にそのまま使えない場合もあるんだ。
　今回のシステムの場合はどうなんだろうね。一緒にマインドマップを描きながら検討してみよう。

　テスト計画を考える場合、思いつくままにマインドマップを描くよりも、なんらかのテンプレートに沿って考えたほうが、漏れが少ない計画になります。
　このテンプレートとしてよく用いられるのが、「Standard for Software Test Documentation（IEEE std. 829-1998）[※1]」（以下 IEEE 829）にあるテスト計画書です。本章では、このIEEE 829にあるテスト計画書のテンプレートを確認することから始めます。
　なお、本章にはまったくのソフトウェアテスト初級者には難しい内容が含まれています。また、テスト計画を立てたことがない人にもハードルが高いかもしれません。少し読んでまったくわからないようであれば、読み飛ばしてもらっても構いません。将来、テスト計画を立てなくてはならなくなったとき、本章を読み返してください。

※1　この規格は、ISO/IEC/IEEE 29119 Part3 で更新されています。詳細は本章の章末コラム「規格と現場のテスト計画項目の違い」を参照してください。

5.1 テスト計画の手順を確認する

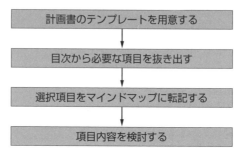

[図5.2◎テスト計画の手順]

5.2 テスト計画書の概要 (IEEE 829)

　IEEE 829のテスト計画書は、次のような構成になっています。項目内容を簡単に説明します。

ⓐ テスト計画識別番号
ⓑ はじめに（序文）
ⓒ テストアイテム
ⓓ テストすべき機能
ⓔ テストしない機能
ⓕ アプローチ
ⓖ 合否判定基準
ⓗ テスト中止／再開基準
ⓘ テスト成果物
ⓙ テストのタスク

- ⓚ 環境要件
- ⓛ 責任範囲
- ⓜ 要員計画とトレーニング計画
- ⓝ スケジュール
- ⓞ リスクと対策
- ⓟ 承認

ⓐ テスト計画識別番号

テスト計画書を識別するために付ける文書番号です。テスト計画書を作成するときには必要ですが、「テスト計画」を考える際には特に必要ありません。

ⓑ はじめに（序文）

プロジェクトの背景やプロジェクトで用いる他のドキュメントとの関連を記載します。また、テストの目的や戦略を記し、どのようにテストしていくかを明らかにします。

ⓒ テストアイテム

具体的なテスト対象を記します。ソフトウェアのビルドバージョン及びリビジョン、ソースコード名を記載します。特殊な外部機器を用いたテストをするのであれば、その機器名称も記します。

ⓓ テストすべき機能

テスト対象となるソフトウェア機能をすべて記します。

ⓔ テストしない機能

テスト対象の範囲内の機能で、テストしないと判断した機能を挙げ、実施しないと判断した理由を明記します。

なぜ、わざわざテストしないものを記述するのでしょうか。それは、**保証範囲をはっきりさせる**ためです。特にバージョンアップ開発の場合には、すべての機能をテストするとは限りませんので、明示する必要があります。

ⓕ アプローチ

Chapter 4で分析した**テストの種類**をここで扱います。さまざまなテストをどのように実施するのかという戦略と戦術を記述します。使用するテスト技法やテストツールなども記載します。

ⓖ 合否判定基準

テストを実施した要素ごとに、合格/不合格かの基準、つまり終了基準を記載します。

ⓗ テスト中止/再開基準

テストの一部または全部を中止する際の基準を記載します。

この中止/再開基準に違和感を持つ人がいますが、次のように考えてください。たとえば、不具合が予想以上に多く発生したり、修正するのに時間がかかる不具合が発生した場合、それ以上テストを実施できないことがあります。このような事態に遭遇したとき、一度テストを中止し、不具合修正に全力を注いだ方がよいと思ったとしても、中止基準がないと、テストを止めるのは難しくなります。

そのために、あらかじめ中止基準と再開するときの基準を明確にしておく必要があります。

ⓘ テスト成果物

テストで作成するドキュメント類について列挙します。テスト計画書、テスト仕様書、テストケース、テスト結果（テストログ）、インシデントレポート、実施報告書などの成果物がこのリストに入ります。

テストケースの中にテスト実施手順を書いている場合、その手順がど

の程度詳細に記述すればよいのかも合わせて記載します。

ⓙ テストのタスク

準備も含めてテスト全体で必要な作業に何があるかを列挙します。タスクの中には、ツールを使いこなすためのスキルが必要となるものもあります。このように技術的なスキルが必要な場合には、どのようなスキルが必要かを記載します。

ⓚ 環境要件

テストを実施する環境について記述します。テストを実施するために必要なハードウェアやソフトウェアはもちろんのこと、作業場所やサポート体制についても記載します。特殊な測定器やシミュレータ、テストツールが必要な場合には、それも含めて記載します。

ⓛ 責任範囲

テストに関わる人々の責任範囲について記載します。テストに関わる人とは、テストを実施する人だけでなく、ユーザや開発者など、テストプロセスに関わる全ての人が対象になります。

ⓜ 要員計画とトレーニング計画

テストに必要なスキルを明らかにして要員計画を立てます。また、必要な技術を身につけるために必要なトレーニングの計画も立てます。

ⓝ スケジュール

マイルストーンを決めて、スケジュールを作成します。ツールや施設に使用期限がある場合には、その制約をスケジュールに記します。

ⓞ リスクと対策

テストに関わるリスクと対策について記述します。

(p) **承認**

この計画を承認した人の名前を記載します。

5.3 テスト計画を立てる

5.2の冒頭に挙がっているテスト計画書の目次をテンプレートにしてテスト計画を考えてみましょう。

◐ステップ1

テスト計画書の目次を参考にしてテスト計画を検討しますが、すべての項目を同じ重要度で考えません。項目ごとに強弱を付けていきます。あえてマインドマップで描かなくてもよいものや、マインドマップとは別の書式で検討した方がよいものもあるからです。

また、テスト計画書に書かれている項目数は多いため、1枚のマインドマップに描ききれないこともあります。できれば1枚で描きたいところですが、やむをえず複数枚に分けて描かなくてはならないケースもあります。

テンプレートの項目	選ばない理由
テスト計画識別番号	テスト計画書を書くときに採番すればよいから
はじめに	プロジェクトの背景や関連ドキュメントについては今回説明しないため、マインドマップの中に入れない
テストアイテム	テスト対象となるバージョン／リビジョンは今回説明しないため、マインドマップの中に入れない
アプローチ	それだけで1枚のマインドマップになるだけの量があるため、別に切り出す
リスクと対策	懸念事項が多いと、量的に爆発するおそれがあるので、別に切り出す ※なお、リスクと対策のマインドマップはここでは取り上げません

[表5.1◎マインドマップでは取り上げない項目とその理由]

ステップ1では、マインドマップで検討する項目を選択します。ここでは、選択しないものを列挙しています（表5.1）。

このように検討した結果、マインドマップを描く際に利用するテスト計画の項目は図5.3のようになりました。

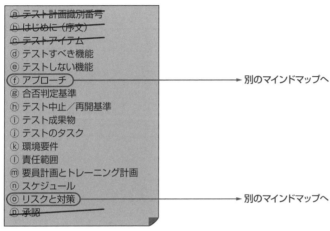

[図5.3◎テスト計画項目の検討結果]

選択したテスト計画の項目をマインドマップのメインブランチに描きます。

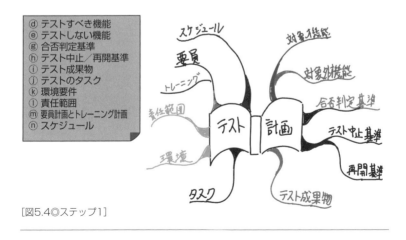

[図5.4◎ステップ1]

●ステップ2

次に**アプローチ**を考えます。アプローチはChapter 4で検討したテストの種類をベースに考えます。

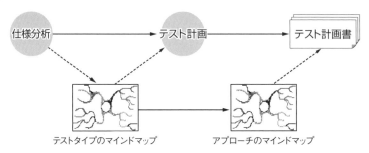

[図5.5◎テストタイプを基にテスト計画のアプローチのマインドマップを作る]

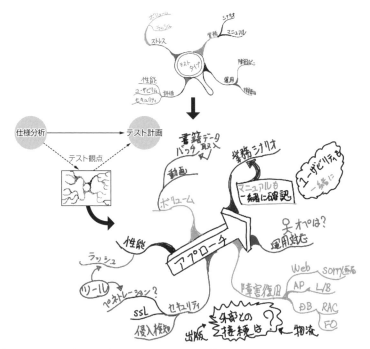

[図5.6◎ステップ2：アプローチのマインドマップ]

テストの種類がそのままアプローチになる場合もありますが、多くの場合、複数の観点を合わせてテストすることを考えます。マインドマップを描きながら、どの項目とどの項目を合わせてテストできるのかを考えます。

　たとえば、業務シナリオテストとマニュアルテストを同時に実施することを検討したり、運用対応テストとオペレーションテストを一緒に実施することを検討したりします。別々に実施する方がよいのか、それとも体制やスケジュールを考慮して、同時に実施した方がよいのかを考えます。

　このケースでは、性能テストとラッシュテストを合わせてテストすることにし、両方合わせて**負荷テスト**と呼ぶことにしました（図5.7）。

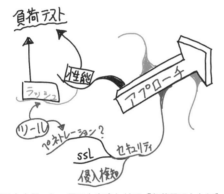

[図5.7◎性能テストとラッシュテストを合わせて「負荷テスト」に]

　次に、どのようにテストを行うかをブレークダウンします。どのようにブレークダウンするのか、**ボリュームテスト**を例に考えてみましょう。

　ボリュームテストをオンラインとバッチに分けて考えます。オンラインでボリュームのあるものを考えたところ、動画コンテンツを思いついたので、「動画」と描いています。バッチについては特に思いつかなかったので、そのまま「バッチ」と描いています（図5.8）。

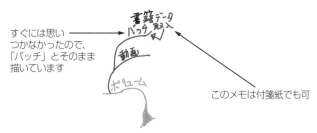

[図5.8◎ボリュームテストのブレークダウン]

ロジカルシンキングでは、レベルをそろえた方がよいと言われます。たしかにそろえた方がよいのは事実です。しかし、そろえることにこだわりすぎ、思考のスピードを落としてしまうよりは、スピードに乗ってとりあえず描いてみることの方が、マインドマップを描くうえでは大事です。そろえるのは後でも構いません。

バッチの中でボリュームが多いのは何かと考えていたところ、書籍データの取り込みがありそうだということに気づきました。他にボリュームを考慮しなければいけないものは何かと考えていたのですが、ふと、

 ## 書籍データはどこから来るのだ？

という疑問が生じました。お客様自身が書籍データを打ち込むとは考えられません。詳細はお客様にお聞きしなければわかりませんが、おそらく取次または出版社などから入手するのでしょう。

ここまで描いたところで、外部との接続を考えていないことに気づきました。マインドマップの空いているスペースを探し、急いで描きました（図5.9）。

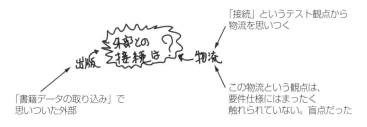

[図5.9◎思いついたことを空いている場所に描き込む]

　ここで、「接続」という観点を新たに手に入れることができました。「接続」に気づくと何か大事なことが抜けているのではないか不安になってきます。今まで気づいていなかったテストの種類です。他にも漏れがあるかもしれません。そうやって頭を使っていると、書籍を届ける物流会社とのインターフェースをまったく考慮していないことに気づきました。

　ここまでの思考の流れをまとめると、図5.10のようになります。

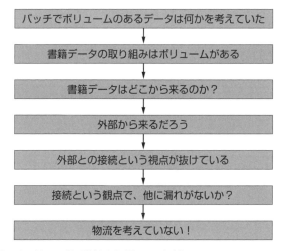

[図5.10◎マインドマップを手がかりに思いついた点]

　このように、マインドマップを作成していると、次から次へと思いつくことが出てきて、期待する以上に抜け漏れを事前に防止することがで

きます。

さて、せっかく「接続」という観点に気づいたので、テストタイプを直しておきます。気づいたときに直しておかないと、直す機会がなくなってしまいます。暇なときにでも直そうと思っても、その**暇なときというのはいつまでたっても訪れない**からです（図5.11）。

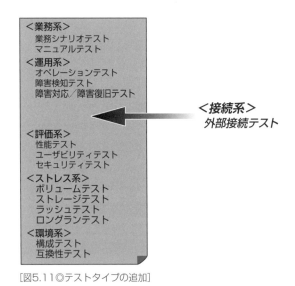

[図5.11◎テストタイプの追加]

●ステップ3

アプローチから元のテスト計画に戻りましょう。メイン・ブランチから1つ下がったブランチを描いていきます。

テスト計画書の目次では「テストすべき機能」と書いてありますが、今回のマインドマップでは「対象機能」と書いてあります。同様に計画書の「テストしない機能」を「対象外機能」と書いてあります。テンプレートのままでもよいのですが、このように、自分が描きやすいように書き換えてもよいでしょう。

テスト対象機能のすべてをマインドマップに描くことはできません。別のマインドマップに切り離せば描ける可能性もありますが、今回は、機能が記述されているであろう別のドキュメントへのリンクを表現しています(図5.12)。テスト計画書に描くときには、これらリンク先のドキュメントから転記します。

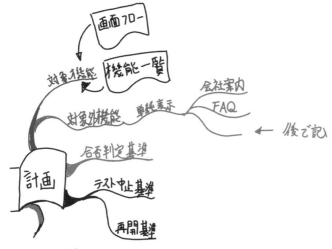

[図5.12◎ステップ3]

　テスト対象外機能のブランチに移ります。何を対象外にしようかと考え、単純に表示するだけのものは対象から外そうと考えました。すでに前のテスト工程でテストされている可能性が高いからです。
　さらにテストしない機能は何かと考えを巡らせていましたが、なかなか思いつきません。考えれば考えるほどすべてテストしなくてはいけないのではないかと思ってしまうからです。そこで図5.12の右端のように、後で描き込めるようにブランチだけ用意しておくのもひとつの方法です。

●ステップ4

　合否判定基準のブランチに移ります。合否の判定基準として、テストケース数と不具合数を考えました（図5.13）。

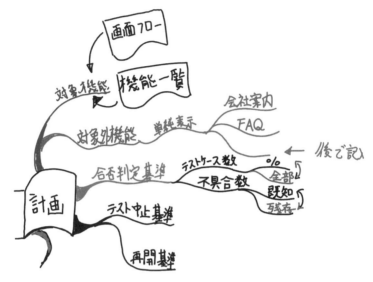

[図5.13◎ステップ4]

　実行することを予定していたテストケース数がどのくらい終わっているか、全部やらなくてはいけないのか、80％などの割合でよいのかどうかを考えます。

　不具合数について、すでに見つかっている不具合数を対象にすればよいのか、それとも統計的な手法を用いて残存不具合数を想定すべきなのかも考えています。この段階ではまだ決めていないため、矢印でどちらか選ぼうとしています。

●ステップ5

テスト中止／再開基準合否判定基準のブランチに移ります。中止基準としてどのようなものがあるかを考えます（図5.14）。

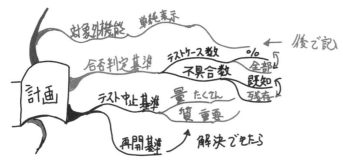

[図5.14◎ステップ5]

不具合があまりにもたくさん発見されると、テストの実施に支障が出そうです。また、納期に影響が出るほどの重要な不具合が発生した場合もありそうです。そのように考えながらブランチを伸ばしていきます。

●ステップ6

テスト成果物のブランチに移ります。

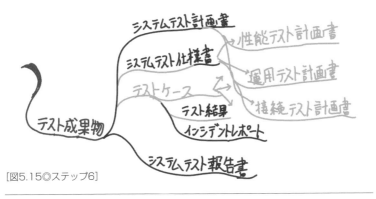

[図5.15◎ステップ6]

この章で検討しているテスト計画書、つまり、システムテスト計画書も成果物の中に入れます。さらに、テスト仕様書、テストケース、テスト結果、インシデントレポート、テスト報告書と続きます。

このままでも構わないのですが、「関係者」を考えると、別に切り出した方がよいテスト計画があることに気づきました。

性能テスト[※2]はインフラ基盤を担当している人たちと一緒に考えます。運用テストは運用オペレータや運用マネージャと、接続テストは接続先の人たちと関係があります。複数の関係者が絡むシステムテストでは、このように関係者を絞り、必要な情報だけを載せたサブ扱いになるテスト計画書を作成します。

このように他のメイン・ブランチについても、マインドマップを描きながら考えていきます。

5.4 テスト計画はいつ作ればよいのか

テスト計画はいつ作ればよいのでしょうか。テストする直前に書けばよいと思っている人がいますが、**テストする直前に書くのでは遅すぎます**。まったく書かないよりはマシと言えますが、テスト計画というよりテストスケジュールを作成するだけで終わってしまうことが多いからです。

テスト計画はなるべく早い時期から書き始めなければいけません。とはいうものの、早い段階から書けるわけがないと思っている人も多くいます。要求分析工程や基本設計工程でシステムテスト計画書を書くように指導しても、情報が少なすぎて書けないという不満を聞くことがあります。

たしかに、テスト計画を最初に作成してそれをずっと守るという形式であれば、テスト計画は直前にならないと書けません。計画が立てられ

※2 本来であれば、「性能テスト計画書」ではなく「負荷テスト計画書」にすべきでしょう。なぜならば、アプローチの検討で性能テストとラッシュテストを合わせて負荷テストにしたからです。

るだけの情報は、直前でないと入手できないことがあるからです。

　しかし、テスト計画は一度作成しておしまいというものではありません。テスト計画は、わかっている情報や知っている情報に基づいて計画を考え、足りない部分の情報をいかにして手に入れるかを考えたり、リスクをどのように回避するか、軽減するかを考えるものだからです。テスト計画というものは成長していくものなのです（図5.16）。

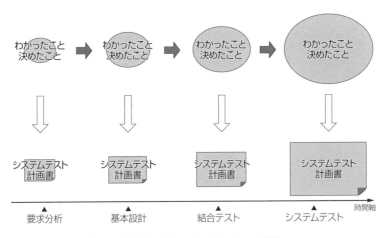

[図5.16◎テスト計画書は計画が近づくにつれ成長していくもの]

　このような考えは特殊なものなのでしょうか。そうではありません。徐々に成長させていくという考え方は、**プロジェクトマネジメント知識体系（PMBOK）第6版**にローリング・ウェーブ計画法として載っています。

Chapter 5 テスト計画 〜テスト計画を検討しよう〜

> 《ローリング・ウェーブ計画法》
>
> 　ローリング・ウェーブ計画法は反復計画法のひとつで、早期に完了しなければならない作業は詳細に、将来の作業はより上位のレベルで計画する。
>
> 　アジャイル手法またはウォーターフォール型手法を使用している場合に、ローリング・ウェーブ計画法はワーク・パッケージ、計画中のパッケージ、およびリリース計画に適用可能な段階的詳細化のひとつの形態である。
>
> 　したがって、作業はプロジェクトのライフサイクルのどの時点にあるかによって、さまざまな詳細さのレベルがある。
>
> 　情報がほとんど明確になっていない初期の戦略的な計画の段階では、ワークパッケージの要素分解は既知の詳細レベルに留められる。
>
> 　そして、時期が近くなって行われるイベントについてより一層わかるようになると、ワーク・パッケージはアクティビティに分解される。
>
> （『プロジェクトマネジメント知識体系ガイド第6版』p.185から引用）

　PMBOKに書かれている説明はプロジェクト計画についてですが、当然、テスト計画にも適用できる考え方です。

5.5 Chapter 5 のまとめ

◉ テスト計画書のテンプレートを使う

◉ マインドマップは複数枚になることがある

◉ テスト計画書は徐々に成長していくものである

---

column テストタイプ

Chapter 5で修正したテストタイプをまとめると次のようになります。

業務	運用	接続
	テストタイプ	
評価	ストレス	環境

このままでもよいのですが、中央の行の2セルが空いているため、なんだか落ち着きません。そこでセルを埋めた形を考えました。

Chapter 5 テスト計画 〜テスト計画を検討しよう〜

業務	運用	接続
保守	テストタイプ	移行
評価	ストレス	環境

　新たに「保守」と「移行」を入れています。エンタープライズ系の開発ではそれぞれ重要ですが、移行も保守も請負範囲から外れることもありますし、移行チーム、保守チームのように別のチームで行われることもあります。そのため、本文では触れていませんでした。

　テストタイプは、組織の中で育てていくものです。Chapter 5でも、「接続」というタイプを追加する例をあえて入れました。現場で遭遇したさまざまなできごとを反映していけば、完成に近づきます。

　テストタイプを下位まで含めると右ページの図のようになります（この表記方法はマンダラート※といいます）。

　このテストタイプはテスト漏れを少なくするために、ある程度の**交わり**を許容しています。交わりとは、違う観点からテストケースを挙げたにもかかわらず、結果的に同じようなテストケースになることをいいます。

　論理的に考えれば、交わりは認めたくありませんし、ダブリがあるということで批判する人もいます。しかし、ソフトウェアテストの現場では、論理的な整合性よりも、適用しやすくテスト漏れが少ないことを重視しますので、厳密さをある程度犠牲にして、このようなタイプを使っています。

※　マンダラートについてより詳しく知りたい方は、考案者である今泉浩晃氏による書籍が数点出版されていますのでそちらをご参照ください。

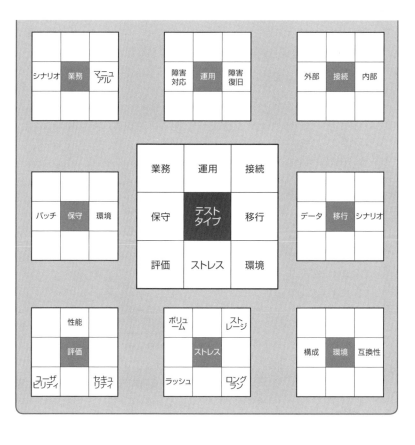

Chapter 5 テスト計画 〜テスト計画を検討しよう〜

column 規格と現場のテスト計画項目の違い

本章ではテスト計画書の目次に従ってテスト計画に必要な事柄を検討しています。このテスト計画書の構成には規格に定義されているものやプロジェクトや組織で定義しているものがあります。本文ではIEEE std. 829-1998ベースのテスト計画書を参考にしています。この規格は、ISO/IEC/IEEE 29119 Part3（以下、29119）で更新されています。

29119に挙げられているテスト計画書の構成を確認します。

```
1.概観                          6.リスク管理表
                                  6.1.プロダクトリスク
2.文書情報                        6.2.プロジェクトリスク
  2.1.概観
  2.2.文書番号                  7.テスト戦略
  2.3.発行組織                    7.1.テストサブプロセス
  2.4.承認の権限                  7.2.テスト成果物
  2.5.変更履歴                    7.3.テスト設計技術
                                  7.4.テスト完了基準
3.はじめに                        7.5.収集されるメトリックス
  3.1.適用範囲                    7.6.テストデータ要求事項
  3.2.参考文献                    7.7.テスト環境要求事項
  3.3.用語集                      7.8.再テスト及び回帰テスト
                                  7.9.テストの中止及び再開基準
4.テストの背景                    7.10.組織的テスト戦略からの逸脱
  4.1.プロジェクト/テストサブプロセス
  4.2.テストアイテム            8.テスト活動及び見積り
  4.3.適用範囲
  4.4.前提と制約                9.スタッフ
  4.5.利害関係者                  9.1.役割、活動、責任
                                  9.2.雇用ニーズ
5.コミュニケーションライン        9.3.教育ニーズ

                                10.スケジュール
```

これに対して、プロジェクトの現場では次のような目次構成のテスト計画書も用いられています。

```
0.文書情報                      1.概要
  0.1.表紙                        1.1.本書の目的
  0.2.文書番号                    1.2.本書の範囲
  0.3.作成者                      1.3.本書の位置付け
  0.4.承認者                      1.4.本書の更新タイミング
  0.5.目次                        1.5.参考資料
  0.6.改訂履歴                    1.6.用語
```

2. 背景
　2.1. プロジェクト概要
　2.2. ステークホルダー
　2.3. 前提条件・制約事項

3. テスト対象
　3.1. テスト対象
　3.2. テスト範囲

4. リスク
　4.1. プロジェクトリスク
　4.2. プロダクトリスク（品質リスク）

5. テスト方針
　5.1. テスト目的
　5.2. テスト方針
　5.3. 変更部分のテスト方針

6. テスト概要
　6.1. テストの種類と内容
　6.2. テストの流れ、順序

7. テスト基準
　7.1. 開始基準、終了基準
　7.2. 中止基準、再開基準

8. テスト環境
　8.1. テスト環境一覧
　8.2. テスト環境詳細
　8.3. テスト作業環境

9. テストツール

10. テストデータ
　10.1. テストデータ作成・入手方針
　10.2. マスキング方針

11. テスト体制
　11.1. 体制
　11.2. 役割
　11.3. 要員調達
　11.4. 要員教育

12. テスト管理方針
　12.1. 進捗管理
　12.2. コミュニケーション管理
　12.3. 仕様変更管理
　12.4. 問題・課題管理
　12.5. リスク管理
　12.6. 品質管理
　12.7. 不具合管理
　12.8. 構成管理
　12.9. リリース管理
　12.10. エビデンス管理
　12.11. 借用物管理

13. テスト成果物
　13.1. テスト成果物
　13.2. テスト成果物の作成方針
　13.3. 作成担当者

14. テスト見積り
　14.1. テストボリューム
　14.2. 工数

15. スケジュール
　15.1. マスタースケジュール
　15.2. 詳細スケジュール
　15.3. タスク構成、WBS

16. 関連システムとの調整事項

17. 未決事項

　規格と実際の現場のテスト計画書との差異はいくつかありますが、現場で書かれることが多いテスト計画書にはテストの運営方法や管理方針が書かれており、メンバーの調達については書かれていないことが多いというところです。

　上記の項目は規模の大きなプロジェクト向けのものです。プロジェクトから求められていることや他の文書との関係によって、適切なテスト計画書の構成を考える必要があります。

Software testing with Mind Maps
第Ⅱ部●マインドマップをソフトウェアテストに使ってみよう

Chapter 6 テスト設計
～テスト設計をしよう～

　本章では、マインドマップを用いてテスト設計をします。Chapter 2 ですでに機能テストのテスト設計の例を説明していますので、同じ機能テストを取り上げるのではおもしろくありません。そこで、負荷テストのテスト設計を取り上げることにします。

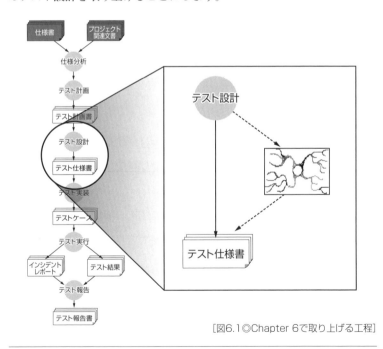

[図6.1◎Chapter 6で取り上げる工程]

先輩、計画ができたので、さっそくテストケースの作成に取りかかりますね。テストタイプに従って、テストケースを書いていけばいいんですよね？

ちょっと待った！
いきなりテストケースを書き始めるのではなく、ちゃんとテスト設計からやらないとダメだよ。行き当たりばったりでテストケースを書いてしまうと、漏れや抜けが多くなってしまうんだ。テストでも、ちゃんと設計を意識すること。
このテスト設計の作業品質で、テストケースの品質も決まってくるから、よく考えて取り組むことが重要だよ。

本書でいう負荷テストとは、Chapter 5 にもあるように、性能テストとラッシュテストを合わせたものです。

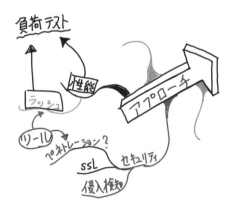

[図6.2◎本書における「負荷テスト」（図5.7と同じ）]

今回のケースは、一般消費者向けのWebサイトを構築するプロジェクトの話です。Webサイトのレスポンスが悪ければ、利用者をイライラさせてしまいますし、最悪もう二度とこのサイトを使ってもらえないかもしれません。このWebサイトが他にない特徴的なサービスを提供してい

Chapter 6 テスト設計 〜テスト設計をしよう〜

るのであれば、我慢して使ってもらえるかもしれませんが、書籍販売サイトは他にもたくさんあります。レスポンスが悪いということは、それだけで競合他社に対して劣る点となってしまいます。また、遅いだけならまだしも、過負荷状態になってしまい、サーバがダウンしてしまったら大変です。

システムの発注者であるお客様（さゆり書房）はインターネット上での書籍販売の分野では無名かもしれませんが、書籍販売業では大手の一角を占めており、多くの人にブランド（企業名）が知られています。システムに何らかの不具合があれば、新聞に記事が載ってしまい、ブランドに傷をつけてしまうおそれもあります。

このように、Webサイトの負荷に起因する問題が発生しないように、Webサイトのダウンや応答時間の劣化などの負荷問題に着目してテストを実施するのが負荷テストです。

なお、負荷テストになじみがなかったり、現在関わっているプロダクトやテストでは負荷テストが必要とされない場合もあることでしょう。その場合、テスト設計に必要なテスト項目の挙げ方に着目して読み、「テストを設計する」雰囲気をつかんでください。

6.1 テスト設計の手順を確認する

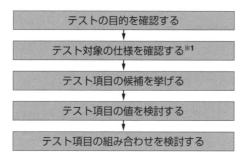

[図6.3◎テスト設計の手順]

6.2 テスト設計を行う

では、負荷テストのテスト設計をマインドマップを使って行います。

●ステップ1

最初に、負荷テストの目的を考えます。限界まで負荷をかけてシステムの状況を把握することを目的とするのか、性能要件どおりの性能が出るかどうか、たとえば「3秒以内にレスポンスが返ってくること」という要件（要求仕様）に対して、その要件どおりにレスポンスが返ってくるかどうかを確認することを目的とするのかなど、このテストの目的を考えます。

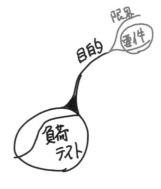

[図6.4◎ステップ1]

※1 筆者はこのテスト対象の仕様を確認する場合、マインドマップの他に三色ボールペンを使っています。詳しくは Chapter 4 のコラムを参照してください。

そこで、性能要件が何かを確認しようとして、ドキュメント内の記述を探したのですが、どこにも書かれていません。実は、お客様（さゆり書房）と性能要件について、取り決めを行っていないことに気づきました。

性能要件を決めていない！

プログラムは、機能要件が決まらないと書けません。そのため、機能要件については詳しくお客様（さゆり書房）と詰め、要件を決めていきます。しかし、性能要件は決めていなくても、とりあえずプログラムは書けます。そのため、性能要件を聞き漏らしてしまうことがあるのです。

●ステップ2

そこで、テスト設計の前に性能要件を決めることから始めます。お客様（さゆり書房）にヒアリングする前にどんな内容を聞けばよいか考えます。メイン・ブランチに要件と描き、その先のブランチで性能要件に必要な項目を考えていきます。

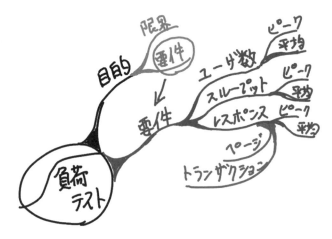

［図6.5◎ステップ2］

※2　Web関連のアプリケーション以外でも、どれだけ処理するのか（スループット）と、どのくらいの速さで応答するのか（レスポンスタイム）は、性能要件を決める際に必要な項目です。
※3　平均値の決め方にはさまざまな方法がありますが、本書の範囲を超えるので詳しくは述べません。巻末のブックガイドに載っている書籍を参考にしてください。

多くの人がWebサイトを訪れてもサーバの処理が遅くなることなく、短時間で応答できている状態が性能が良い状態です。そのため、このシステムを使う人はどのくらいと想定しているのか、サーバは単位時間あたりどれだけ処理ができるのか（スループット）、応答時間（レスポンスタイム）はどのくらいであれば不快に思われないのか、といった事柄を要件として決めます。

これらを踏まえると、Webサイトのアプリケーション[※2]の場合、次の3種類の要件が決まっていると良いでしょう。

- ユーザ数
- 処理量（スループット）
- 応答時間（レスポンスタイム）

できればそれぞれの項目でピーク時と平均時[※3]の値もできれば決めたいところです。

応答時間をどれくらいの数値に設定すればよいのか、考えていたところ、ふと気づいたことがあったので、メモを残すことにします。

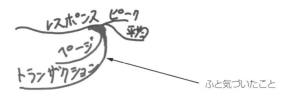

ふと気づいたこと

[図6.6◎メモ]

図6.6のメモの意味は、画面単体（ページ単体）での応答時間なのか、それともトランザクション[※4]単位での応答時間なのか決めないといけないということです。アプリケーション開発を請け負っている我々（ミッキーシステムズ）が画面単体での応答時間だと思っているのに、お客様（さゆり書房）はトランザクション単位での応答時間だと思っていたら大変です。認識のズレが後々大きな問題になりかねません。お客様に確

[※4] 本書ではトランザクションを、書籍購入のようにいくつかの画面を遷移する取引の単位のこと、と定義しています。たとえば、「本を探す」→「カートに入れる」→「決済する」のような画面遷移を、"書籍購入"というトランザクションとします。

認をとる必要があります。

ここまで描いてこのマップを見ていたら、ユーザ数の「ユーザ」が気になりました。新規ユーザなのか、既存ユーザなのか、どちらを対象にするのだろうという疑問です。そこでマインドマップ上に人のアイコンを描き、そこから新規と既存のブランチを伸ばして表現しています。

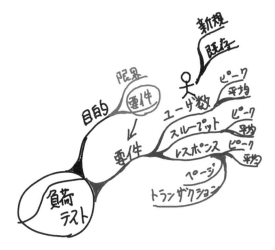

[図6.7◎対象ユーザを入れる]

新規ユーザよりも既存ユーザの方が多いはずなので、既存中心で考えてもよさそうです。しかし、サイトリニューアルのときは、それなりに新規ユーザも増えるはずです。既存ユーザ中心でテストしていたために、新規ユーザが疎かになり、サイトリニューアル当日に、サーバーがダウンしてしまったというのでは洒落になりません。これらについても、どうするかをお客様と相談することにします。

◗ステップ3

決めるべき性能要件の項目がわかったら、その数字を埋めていきます。しかし、この値はお客様と決めていく値なので、今は決められません。

そこで、どのような条件があればテストシナリオを決められるかを考えてみます。

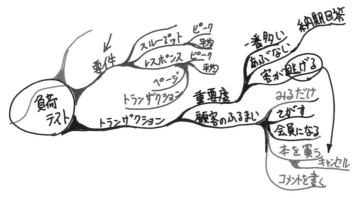

[図6.8◎ステップ3]

テストシナリオは画面中心ではなく、トランザクション中心にすることに決めました。そこで、メイン・ブランチにトランザクションと描いています。

次に、どのトランザクションを選ぶかを考えます。負荷テストは機能テストと異なりますから、全てのトランザクションを選びません。何らかの基準によって性能関連の不具合が出やすいトランザクションを選ぶことになります。

この基準として**重要度**を取り上げ、どんな事柄が重要度なのかを考えます。たとえば以下のように考えながらマインドマップに描いていきます。

「利用者が一番多いトランザクションはどこかな？」
「性能が出ない危険性があるところは？……他のシステムと連携しているところは危ないかもしれないな」
「性能が出なかったら利用者が逃げ出しそうなところは？……決済のところで性能が出なかったら、キャンセルするかもしれない」

「重要度」の次に「顧客[※5]の振る舞い」を考えます。

書籍を探した後、本の紹介文や他の人のコメントを読んでいる人もいるでしょう。本をひたすら探している人もいれば、会員になるために会員登録処理をしている人もいます。当然、本を買う人もいれば、コメントを書いている人もいます。

そこまで描いていたときに、ふと気づいたことがありました。上のブランチに**「逃げる」**という言葉があります。この箇所では、顧客がキャンセルすることを避けるために性能を良くしようと考えていました。ここからキャンセルという振る舞いがあることに気づいたので、マインドマップに描いています。

Webアプリケーションの負荷テストの場合、単純に負荷をかければよいというものではありません。顧客の振る舞いを考慮した負荷をかけなければ、性能に関する不具合を見つけられないことがあるからです。そのため、このように顧客の振る舞いを検討しています。

●ステップ4

顧客の振る舞いを考えていたら、その振る舞いの組み合わせはどうだろうというのが気になってきました。

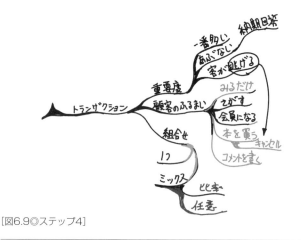

[図6.9◎ステップ4]

※5 「顧客」は「ユーザ」と読み替えていただいてもかまいません。

負荷テストを実施するとき、「紹介文を見る」「本を探す」というトランザクションをそれぞれ単独で実施することもありますし、混在させて実施することもあります（図6.10）。

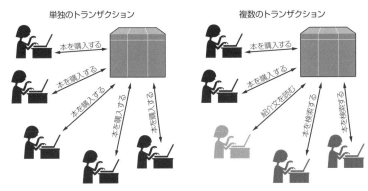

[図6.10◎単独と混合（複合）のトランザクションの違い]

そこで、トランザクションを組み合わせる方法にどんなものがあるのかを考えます。適当に、つまり任意で選ぶこともできますし、書籍検索は3割、会員登録は1割というように実際に行われる可能性がある割合で選ぶこともできます。

トランザクションをいくつか組み合わせる場合、どのトランザクションを組み合わせればよいのか少しばかり考えていたところ、顧客の振る舞いの比率を使えばよいのではないかと気がつきました。これをマインドマップに反映させたのが図6.11です。

・見るだけ	10%
・探す	60%
・会員になる	10%
・本を買う	10%
・キャンセル	5%
・コメントを書く	5%

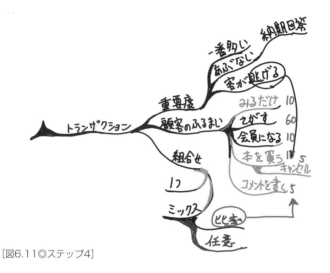

[図6.11◎ステップ4]

　本来は、この割合は過去のWebサイトのログを分析して割り出しますが、わからない場合はお客様と相談して数値を決めていきます。今回は説明のためにこの段階で描いています。

　また、このような通常時の割合だけではなく、たとえばサービス開始直後の極端なケースを選ぶこともあります。サービス開始直後は、新たに会員になる人の割合が多くなると考えられます。そこで、「会員になる」の割合を多めにとることも考えられます。

◉ステップ5

　他にトランザクションを選ぶ観点がないか考えてみます。すると、トランザクションの**長さ**という条件があるのではと思いました。そこで、ブランチに「長さ」と描きました（図6.12）。

　最長と最短というブランチを描いた後、中間の長さのトランザクションも必要かもしれないと思い、メモを描いています。

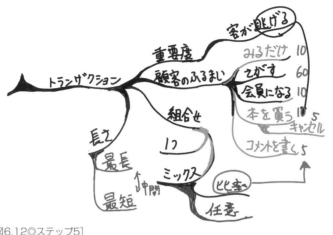

[図6.12◎ステップ5]

●ステップ6

　トランザクションではもう思いつくことがなくなったので、別の項目を考えていきます。負荷テストですから、当然システムに負荷をかけます。この負荷のかけ方に違いがあるかもしれないと思い、メイン・ブランチに「負荷のかけ方」と描きました（図6.13））。

　負荷のかけ方には一度にたくさんのデータを投入する場合と、徐々に負荷をかけていく場合があります。また、負荷をかける間隔も気になったので、メモを描きました。

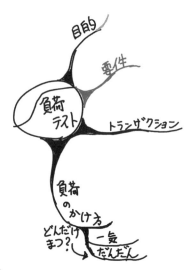

[図6.13◎ステップ6]

◗ステップ7

 次に負荷をかけて狙うところはどこかを考えます。メイン・ブランチには「ねらうところ」と描いています。

・ファイアウォール（F/W）に負荷をかけるのか
・負荷分散装置（L/B）に負荷をかけるのか
・Webサーバに負荷をかけるのか
・AP（アプリケーション）サーバに負荷をかけるのか
・DBサーバに負荷をかけるのか

 などを、図6.14のようにイメージしながら考えていきます。それをそのままマインドマップに描いていきます（図6.15）。

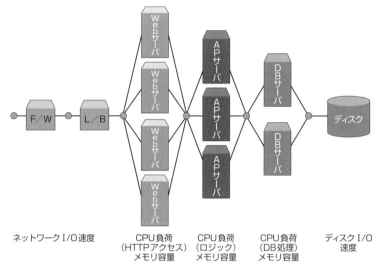

[図6.14◎さまざまな負荷の「狙いどころ」]

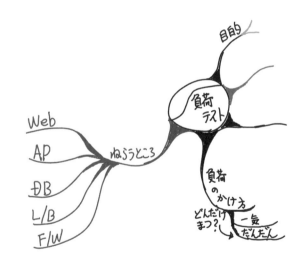

[図6.15◎ステップ7]

　これら伸ばしたのブランチのそれぞれについて、同様に検討を進めていきます。ネットワークを使ったシステムの場合、負荷をかけるポイン

トはこのような機器構成によっても大きく変わってきます。関連するドキュメントを参照し、確認すると良いでしょう。

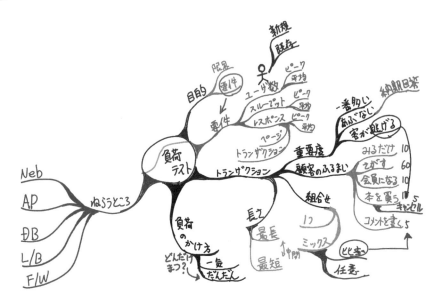

[図6.16◎負荷テストのマインドマップ全体]

◉ステップ8

このようにテスト項目を挙げていきます。次にマインドマップからテスト仕様書を書いていきます。たとえば、図6.17のようなフォーマットに書いていきます。

大項目	中項目	小項目	期待結果

[図6.17◎ステップ8]

以上で、今回の負荷テストについての検討はだいたい終了しました。このとき最後にもう一度全体を眺め、さらに気づきを得ることで、テスト観点の漏れを少なくしていきます。

　このような方法でテスト観点の漏れを押さえていくことで、結果としてテスト項目や手順の漏れも抑えることができるようになります。

6.3 Chapter 6 のまとめ

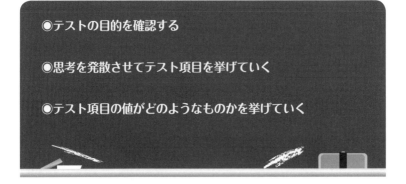

- テストの目的を確認する
- 思考を発散させてテスト項目を挙げていく
- テスト項目の値がどのようなものかを挙げていく

column テスト項目やテスト観点を見つけるコツ

筆者の一人は、次のような図を用いてテスト項目またはテスト観点を見つけ出しています。

■タートル図

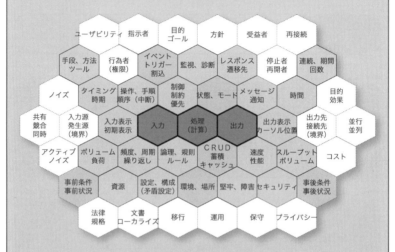

過去に作成されたテストケースを分析し、多くの場合にテスト項目として取り上げられているものをまとめたものです。

この図に書かれている観点を見て、気になるところをマインドマップに描き写します。そこから仕様書を読んだり、関係者にヒアリングするなどして、ブランチを広げていきます。

■意地悪漢字（裏・表）

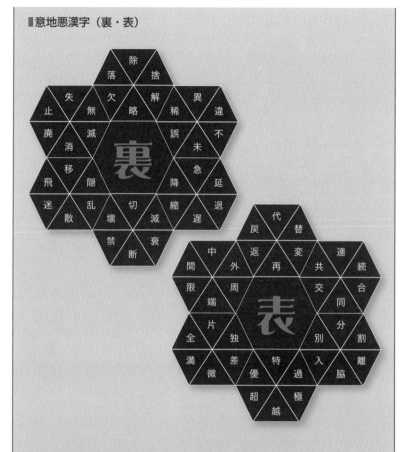

　分析や設計上考慮しきれなかった状況や環境に不具合は潜んでいます。そのため、通称「意地悪テスト」を実施することがあります。今まで意地悪テストはテストエンジニアの経験に依存していました。考慮できていない箇所というのは仕様書や設計書に書かれていないからです。

　この意地悪漢字も、過去に作成されたテストケースを分析し、多くのテストエンジニアが狙っている観点を選んでいます。意地悪漢字「裏」は発生すると影響が大きいもの、意地悪漢字「表」は例外的なもの、仕様書に書き漏らしてしまいがちなものを選んでいます。

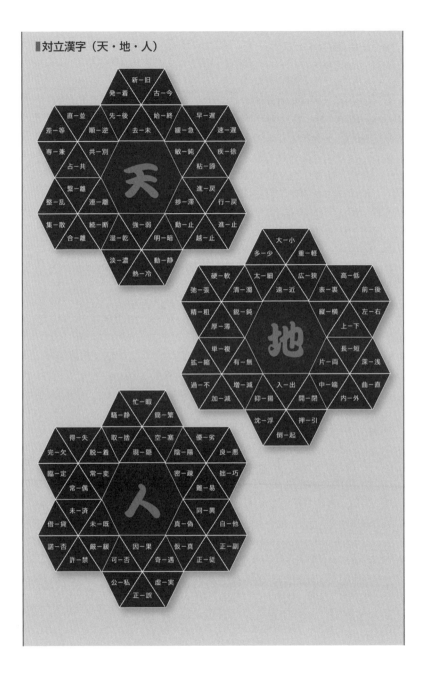

テストエンジニアが狙う観点は、意地悪な状況だけでなく、極端な状況もあります。そこで、意地悪漢字のほかに対立する漢字を集めた対立漢字を用意しました。
　時間的な観点を「天」、空間的な観点を「地」、人の生活に関わる観点を「人」に集めましたが厳密な分類ではありません。

Chapter 7 テスト実装
～テストケースを作成しよう～

本章では、マインドマップを使って、テストケースとテンプレートを考えていきます。

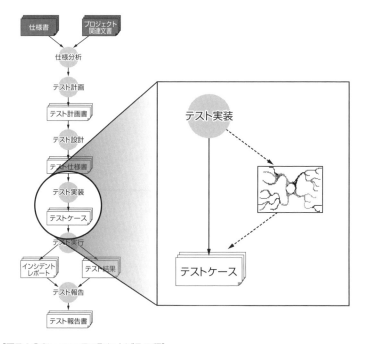

[図7.1◎Chapter 7で取り上げる工程]

テスト設計がすでに終わっていますから、これですぐにでもテストケースを書けますよね。テスト設計にマインドマップが必要なのは何となくわかりましたが、テストケースを書くときには必要ないんじゃないですか？

たしかに、きちんとテスト設計をしていれば、テストケースを書くときにマインドマップを使わなくても大丈夫なケースが多い。テスト設計で考えたテスト項目をそのまま使って、テストケースを考えることが多いからね。

でも、いつもそうだとは限らないんだ。だから今のうちに、テストケースを考えるとき一度立ち止まって考え直す癖を付けておいた方がいいんだよ。

　テスト実装とは聞き慣れない言葉かもしれません。わかりやすく言うと、テストケースを作成することです。このように説明すると簡単なように思われるかもしれませんが、テストケースという言葉も組織によって意味が異なるため、取り扱いが難しい用語[※1]のひとつです。本章では、テストケースをテスト手順とほぼ等しいものとして扱います。

　このテスト実装の作業は、テスト設計で検討したテスト項目に従って、テストケースを変化させるパラメータが何かを検討します。検討の結果、テスト項目とテストパラメータに違いがない場合がありますが、より具体的にテストする内容を検討します。

　さて、ここでテスト項目とテストケース、テスト手順という似た言葉が出てきました。ここでその違いについて図を用いて確認しておきます。まず図7.2のように、1つのテスト項目が複数のテストケースになることもあります。

※1　テストケースの種類については、本章の章末コラム「テストケースの種類」を参照してください。

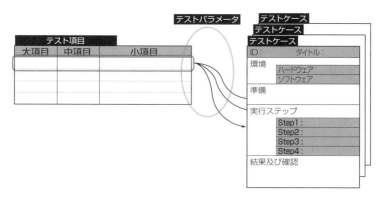

[図7.2◎テスト項目1項目が複数のテストケースに対応する場合]

逆に図7.3のように、複数のテスト項目が1つのテストケースになることもあります。

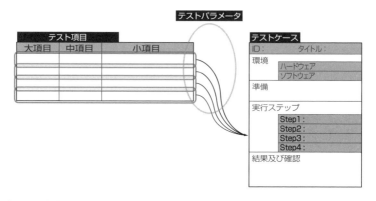

[図7.3◎複数のテスト項目が1つのテストケースに対応する場合]

さらに図7.4のように、テスト項目とテストケースがともに複数の場合もあります。

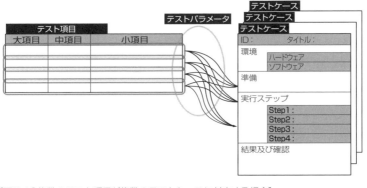

[図7.4◎複数のテスト項目が複数のテストケースに対応する場合]

　本書では、テスト手順、テストケース、テストシナリオを図7.5[*2]のように区別します。テスト手順は、テストケースの準備と実行ステップを指します。テストシナリオは、テストケースの実行ステップを指します。

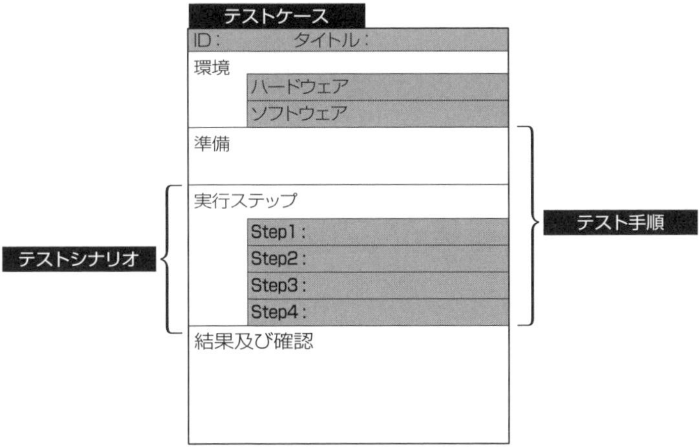

[図7.5◎テスト手順、テストケース、テストシナリオの違い]

※2　この説明は IEEE 829 の説明と異なります。注意してください。

7.1 テスト実装の手順を確認する

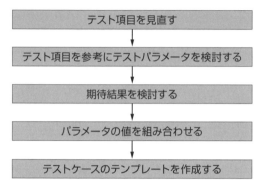

[図7.6◎テスト実装の手順]

7.2 テスト設計(テスト項目)を見直す

テストケースを考えるひとつの要素としてテストデータがあります。そこで、負荷テストのデータにどんなものが必要か考えていました。

すると、

 顧客数を気にしていない！

ということに気づきました。

負荷テストということで、負荷をかけるためのユーザ数、つまり同時に接続するユーザ数ばかりに気を取られ、登録されている顧客数や、事前に用意しておく商品数がどれだけ必要なのかを考えていなかったのです。要件定義書にはその情報がありません。お客様とのヒアリングシートを読み返しても載っていません。

「テスト設計のときに気づいておけば、性能要件を聞くタイミングに

一緒に聞けたのに…」と後悔しても始まりません。

そこで、テスト実装の前、つまりテストケースを作成する前に、お客様に聞かなくてはならないことをマインドマップでまとめてみました。業務で必要な会員数、トランザクション数、アクセス数、商品数の4年間の予想値を聞くことにしました（図7.7）。

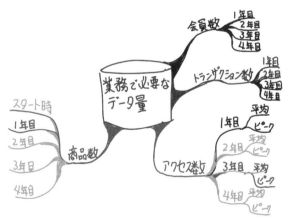

[図7.7◎ヒアリング内容のマインドマップ]

ミッキーシステムズが基盤構築まで請け負っていれば、ディスク容量の算出やデータベースのテーブル設計で必要な情報ですから、早くから気づいたはずです。しかし、今回はアプリケーション開発だけを請け負っています。そのため、気づきにくかったのです[※3]。

また、要件の漏れは、仕様分析やテスト設計で気づかなければいけないのですが、会員数とアクセス数を混同してしまっていたために気づくのが遅くなってしまいました。その間違いを教訓とするために、コメントを描いています。

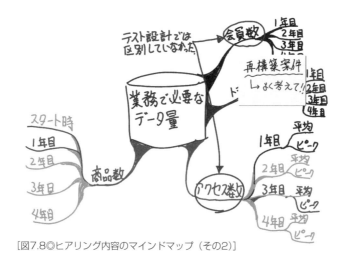

[図7.8◎ヒアリング内容のマインドマップ（その2）]

さて、お客様に対するヒアリング項目をまとめる前に、このマインドマップをそのまま、先輩に見てもらいました。すると、付箋紙にコメントが書かれています。

※3 ケース設定は Chapter 3 を確認してください。

スタート時点での会員数を書き忘れています。図7.8のマインドマップを見ると、商品数のほうにはスタート時点で必要なボリュームを考慮しています。登録されている書籍が1冊もない状態でスタートすることはあり得ないからです。

しかし、会員数はどうでしょうか。いきなり「1年目」と書いており、スタート時点の会員数を考慮していません。このアプリケーション開発は、既存システムの再構築案件です。サービス開始時期に会員数がゼロということは考えにくいものです。お客様に確認するときは、会員ありきとした方が無難です。

このように、**マインドマップはレビューや事前チェックに使うこともできます。**

7.3 テストパラメータを検討する

●ステップ1

テスト設計を見直し、足りないテスト項目を見つけ、お客様へのヒアリングも終わりました。次はテストケースのパラメータを検討します。マインドマップのテーマとして「シナリオのパラメータ」と書いてあります。この「シナリオ」とはテストシナリオ[※4]のことで、テストケースとほぼ同じ意味で使っています。

最初のメイン・ブランチとして、トランザクションの重要度を考えます。この重要度はテスト設計で挙げたテスト項目をそのまま使います。トランザクションとして一番多いものは「書籍の検索」、性能を考える際に気をつけなければいけないのは、次回入庫を確認する「在庫なし」、最も重要なものは決済、つまりお金が絡む「書籍の購入」と考えました。このステップの例のように、テスト設計で検討したテスト項目をそのまま使える場合もあります。

※4 図7.5参照のこと。テストケースの実行ステップ部分をテストシナリオと呼んでいます。

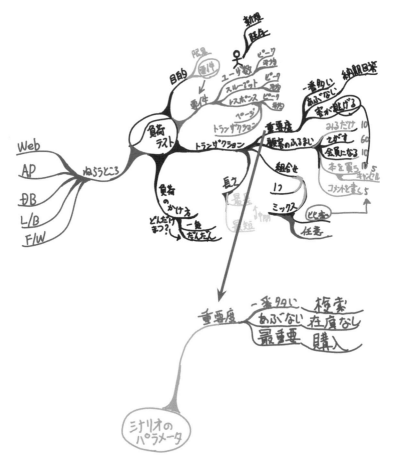

[図7.9◎ステップ1]

◉ステップ2

　トランザクションの組み合わせも、テスト項目をほぼ持ってきています。テスト項目の「顧客の振る舞い」と「組み合わせ」を合わせて「トランザクションの組み合わせ」をパラメータとして考えています。組み合わせがない場合とある場合を考えています。

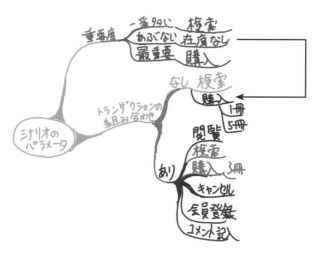

[図7.10◎ステップ2]

　組み合わせがないトランザクションでは、重要度のブランチで挙げてある「検索」と「購入」を選んでいます。さらに購入の場合は、複数の書籍の購入も考慮しています。1冊の場合には在庫のありなしを考慮したトランザクションを用意します。

　組み合わせありの場合は、テスト設計のときに検討した組み合わせである「閲覧」「検索」「購入」「キャンセル」「会員登録」「コメント記入」の各トランザクションを持ってきています。

●ステップ3

　テスト設計では、「負荷のかけ方」になっていました。テスト実装ではテストパラメータとして、より具体的に「接続ユーザ数の増加」としています。

　短い時間に同じユーザが繰り返し本を買うとは考えにくいため、負荷を増やす要素として、Webサイトにアクセスする接続ユーザ数を取り上げました。

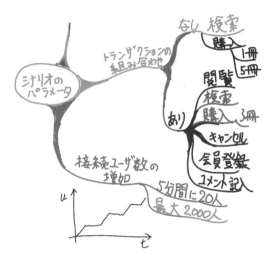

[図7.11◎ステップ3]

　負荷のかけ方として、今回は徐々に負荷をかける方法を採用します。増加分、増加までの時間、最大負荷量を変えれば負荷のかけ方を変えることができます。たとえば、表7.1にあるような値をそれぞれ組み合わせることによって、テストケース（テストシナリオ）を増やすことができます。

　増加分×増加までの時間×最大負荷量の組み合わせを考え、それぞれの値を変えることで（10人×5分×1,000人、10人×10分×1,000人……）、テストケースを増やせます。

増　加　分	10人、	20人、	30人	……
増加までの時間	5分、	10分、	15分	……
最大負荷量	1,000人、		2,000人	……

[表7.1◎負荷パラメータの組み合わせ例、今回の例では○で囲んだ数字を選択しました。]

　このように負荷のかけ方を変えてテストすることによって、不具合を見つけやすくなりますが、それなりに工数がかかります。そのため、今

回は 5分間 ごとに 20名 ずつ増加させ、最終的に 2,000人 まで負荷をかけることにしました。

●ステップ4

ここまででテストケースのパラメータは終わりだと思ったのですが、ふと思い出したことがありました。

以前、キャッシュなしでテストしなければいけないところ、キャッシュありでテストしてしまい、「性能が良い」と誤った判断をしてしまったことがあったのです。キャッシュの有無は重要なパラメータのひとつだと思い、メイン・ブランチに描いています。キャッシュのある場所を考えて、AP（アプリケーション）サーバとDBサーバと描いています。

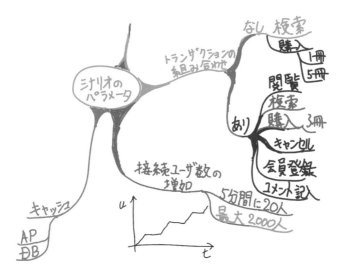

[図7.12◎ステップ4]

キャッシュを効かせた状態でテストをするのか、キャッシュなしでテストをするのかは、テストの目的によります。目的に合わせて、キャッシュの有無を決めてテストを実施します。

●ステップ5

ある画面から次の画面へ遷移するのに必要な時間もパラメータのひとつです。画面に表示されている内容を読んだり、届け出先の住所を入力したり、カード番号を入力したりするには時間がかかります。ある画面から次の画面に遷移するのは、ある程度の時間が必要です。

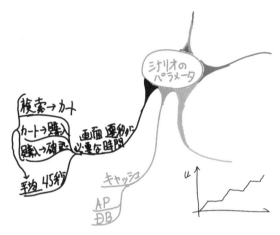

[図7.13◎ステップ5]

この時間をゼロにすれば、簡単にシステムに負荷をかけることができますが、実際の顧客の振る舞いとは異なるため、テストの目的に合わない状況を生み出してしまうことになります。

そのため、この時間をどの程度見ておけば良いのかを考えています。一画面ごとに必要な秒数をカウントし、トランザクションごとに必要な時間を計算します。また、簡便的に行う方法として、1画面だけ計測し、その秒数に画面数を掛けた値を使ってテストすることもあります。

●ステップ6

テストで使用するユーザがすべて異なるようにデータを準備するのか、それとも少数ユーザについて繰り返してテストを実施するのかを考えます。

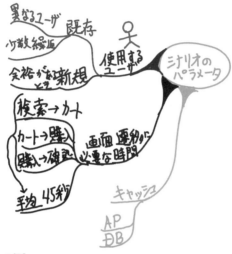

[図7.14◎ステップ6]

また、すでに会員登録済みの人と、新規で登録する人を、どの程度の割合でテストするのかを検討します。図7.14では、新規ユーザについては余裕ができたら実施することにします。

●ステップ7

ここまでメイン・ブランチを描いてきましたが、その他にも気になるところがあります。このような場合、別の紙に移ってマインドマップを描いても良いのですが、今回は、図7.15のようにその他ブランチを作って描くことにします。

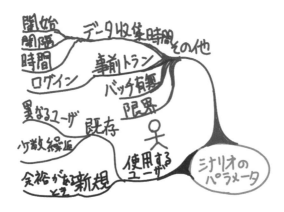

[図7.15◎ステップ7]

　データ収集時間も必要なパラメータです。どのタイミングからデータを収集し、どのタイミングでデータ収集を終わらせるのか、これを誤ってしまうと、せっかく収集したデータの解析で間違った判断をしてしまうかもしれません。

　「事前トラン（ザクション）」というのは、テストケースとしてのトランザクションではなく、準備しておくトランザクションのことです。会員のログイン処理は書籍検索や書籍購入のトランザクションと直接の関係はありません。そのため、ログイン処理は別のトランザクションとして扱うことにします。

　「バッチの有無」というのは、たとえば、書籍を購入するというトランザクションを動かしながら、その裏でバッチ処理を走らせるかどうかです。

　「限界」と書いてあるのは、テスト設計のときに触れましたが、限界性能まで負荷テストを実施するかどうかです。テスト観点としては、性能要件を確認するテストと、限界性能を確認するテストは異なりますが、実施するという観点では、連続して行うことができます。そのため、このブランチに挙げています。

●ステップ8

ここまで描いたところで先輩に見てもらいました。すると図7.16のようにたくさんの指摘を受けました。確かに検討が甘かったところです。

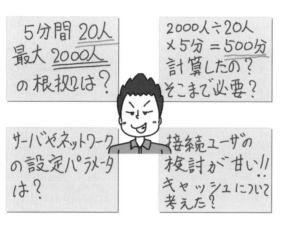

[図7.16◎先輩からの指導（付箋紙）]

最大2,000人と決めたのは、お客様との打ち合わせでお客様が要望されたからです。

言われたことを書いていただけで、根拠を考えたこともなく、ましてや、計算までは行っていませんでした。このままテスト実行に入っていたら大変なことになっていたでしょう。

さて、本書は負荷テストの解説本ではないため、テストケースの検討はここまでとします。負荷テストのテストケースを考える場合には、まだまだ検討しなくてはいけないことが残っていますので、注意してください。

7.4 期待結果を検討する

次に期待結果を考えます。メイン・ブランチは性能要件テストと限界テストで分けています。

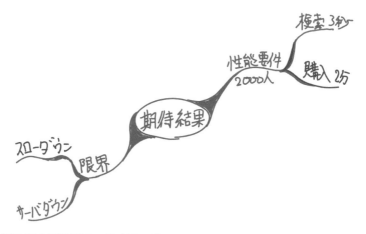

[図7.17◎期待結果のマインドマップ]

性能要件テストの場合、同時接続数が2,000人で検索に3秒、購入に2分を期待結果とします。

限界テストは、スローダウンかサーバダウンするところまで実施しますので、期待結果はそこまでとします。

7.5 テストケースのテンプレートを検討する

●ステップ1

テストケースを挙げる場合、7.3節で検討したパラメータ（図7.18）の組み合わせを考え、具体的な値を決めていきます（表7.2）。

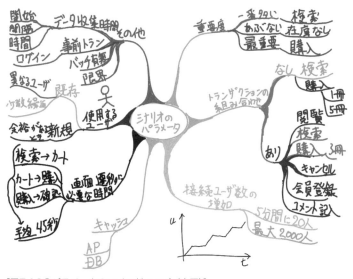

[図7.18◎パラメータのマインドマップ（全図）]

トランザクション 組み合わせ	なし	検索				あり
		購入	1冊	購入		なし
			5冊			
	あり（閲覧、検索、購入、キャンセル、会員登録、コメント記入）					
接続ユーザ数	5分間に20人、最大2,000人					
キャッシュ	なし	APサーバ				
		DBサーバ				
	あり	APサーバ				
		DBサーバ				
画面遷移の時間	平均45秒					
バッチ処理	なし					
	あり					

[表7.2◎パラメータの組み合わせ]

表7.2のパラメータを組み合わせてテストケースを作成します。今回は負荷テストなので、負荷テストツール[※5]のスクリプトを作成することになります。

◉ステップ2

テストパラメータは重要ですが、それだけではテストケースになりません。本書でのテストケースは手順も含んでいますので、事前準備や実施後の後始末も考慮しなければなりません。

そこで、具体的なテストケースを取り上げるのではなく、テストケースのテンプレートについて考えてみたいと思います。

[図7.19◉ステップ2]

テストを行うには、**準備、実施、後始末**の3つのステップがあります。負荷テストでは、準備の中でも環境設定、環境確認の割合が高いので、このマインドマップでは、「環境」としてメイン・ブランチに挙げています。

※5 手動で負荷テストを行っても構いませんが、今は市販のツールやOSSのツールがたくさんありますので、それらを使うことを考えます。ただし、本書は負荷テストがテーマの書籍ではないため、具体的なツールの使い方までは取り上げません。

●ステップ3

環境にはクライアントPC、Webサーバ、APサーバ、DBサーバがあり、それぞれにどんな設定値を確認しなくてはいけないのかをここに挙げます。

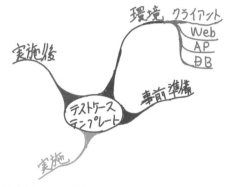

[図7.20◎ステップ3]

●ステップ4

事前準備は、思いつくままに描いています。サーバ間のタイムスタンプを合わせることや、環境のところで挙げた設定値の確認など、環境まわりの確認をします。ユーザ情報の確認も必要です。DBに登録されているユーザとテストで使用するユーザが異なったら、テストの意味がなくなるからです。ユーザの確認をしたら、そのDBをバックアップしなくてはいけない、というふうに考えています。

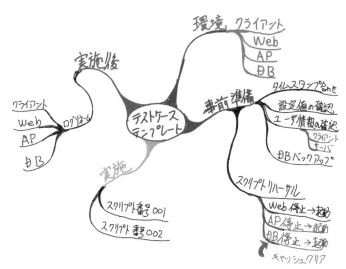

[図7.21◎ステップ4]

　「事前準備」から「実施」に向かう途中、テストで使用するテストスクリプトの確認をしなくてはいけないと気づきました。これは、負荷テストを実施する前に行わなければいけないもの[※6]ですから、厳密に言えばテストケースのテンプレートにあたらないかもしれません。しかし、気がついたときに描いておいた方がよいと思います。

　「実施」のブランチでは、実施の手順について描きますが、負荷テストツールを用いてテストを実施しますので、使用するスクリプト番号を書いています。

　最後に「実施後」のところに、ログのリネームについて描いています。

●ステップ5

　このようにテストケースのテンプレートをマインドマップを使って考えたうえで、テストケースのテンプレートを確定します。このとき、テストタイプごとにテンプレートを作ってもよいですし、図7.22のように他のテストタイプにも対応できるように汎用性を考慮してもよいでしょ

[※6] スクリプトのリハーサルを行うと、そのキャッシュが残ったりDBの内容が変わったりするため、環境を元に戻すのが面倒だからです。

う。テストケースのテンプレートを確定したら、それに従ってテストケースを記入していきます。

テストケースID		タイトル	
環境			
	ハードウェア環境		
	ソフトウェア環境		
事前準備			
実施（実行）ステップおよび実施後作業			
	Step1：		
	Step2：		
	Step3：		
	Step4：		
	Step5：		
	Step6：		
	Step7：		
	Step8：		
結果及び確認			

[図7.22◎テストケースのテンプレート例]

7.6 Chapter 7 のまとめ

- テスト項目を見直す
- マインドマップをレビューに使う
- テスト項目からテストパラメータを作成する
- テストケースのテンプレートを考えてから
  テストケースを作成する

column テストケースの種類

現場でテストケースと呼んでいるものには、多くの種類があります。どんなテストケースの種類があるのか、代表的なものを取り上げてみましょう。

■テスト項目型

項番	大項目	中項目	小項目

テスト観点／確認項目を一覧表に列挙します。テストケースとは呼ばずに、テスト項目と呼んでいるところもあります。

■デシジョンテーブル：入出力型

		テストケース		
		項番1	項番2	項番3
入力条件				
出力条件				

入力データやパラメータの組み合わせと出力結果の対応を表にまとめたものです。このパターンはテストケースとは呼ばずに、マトリクスチェックリストと呼んだり、デシジョンテーブルと呼んでいる現場もあります。

■手書き型

テストケースID		タイトル	
環境			
準備			
実行ステップ			
結果および確認			

本書で採用したテストケースの型です。このパターンは多くの書籍に紹介されています。このパターンはテストケースとは呼ばずに、テスト手順と呼んでいる現場もあります。

この他にも種類はあります。詳しくは『ソフトウェア・テストPRESS Vol.4』の筆者たちの記事「マインドマップから始めるテストケース設計」を参照してください。

Software testing with Mind Maps
第Ⅱ部●マインドマップをソフトウェアテストに使ってみよう

Chapter 8 テスト実行
~テストログと
インシデントレポートを書こう~

　本章では、テストケースの実行記録とインシデントレポートの検討にマインドマップを使う方法を紹介します。

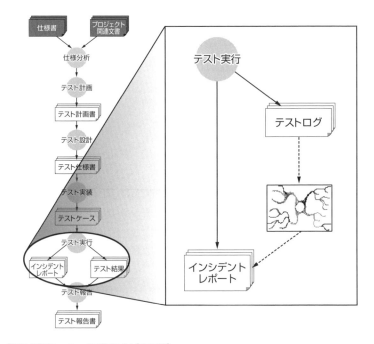

[図8.1◎Chapter 8で取り上げる工程]

テストケースの作成が終了したので、今から実際にテストケースを一つ一つ実行していきます。
もし変な現象が出たら、インシデントレポートを書けばいいんですよね？

インシデントレポートだけでは不十分だよ。
テストケースを実行するときには、テストケースを実行した日時や担当者、気になる情報などを記録していく必要があるんだ。これをテストログという。テストログを作成するのは、テストケースの実行時の証跡を残すためでもあるし、もし不具合である可能性がある異常が発生したときの調査のための情報を残すためでもあるんだ。
インシデントレポートは異常な現象や状態を発見したときに発行するけれど、やみくもに発行してしまうと、どんどんと枚数がかさんでしまう。同じような異常の情報をそのたびに作成するのは大きな手間だし、調査に必要な工数も無視できない。インシデントレポートの作成と発行のタイミングには気をつける必要があるんだ。テストログとインシデントレポートは、異常の調査や分析活動に非常に重要な情報源となるから、気をつけて作成するようにね。

テスト実行とは、テスト実装で作成したテストケースを実際に実行していく作業のことをいいます。たとえば、以下のようなテストケースをテスト実装で作成したとします。

> デスクトップの「税務処理ツール」というアイコンをダブルクリックすると、「税務処理ツール」のスタート画面が表示されることを確認する。

Chapter 8 テスト実行 〜テストログとインシデントレポートを書こう〜

　このテストケースに定義した内容を、実際にテスト対象を操作して確認していく作業がテスト実行です。

　テストケースを実行し、その結果をテストログとして記録していきます。そして、テストログに記載した内容を分析し、異常と思われるものをインシデントレポート[※1]としてまとめます。

　本章では、テストログをマインドマップで描き、テスト結果がNGになったテストケースを分析していきます。そして、分析した結果をインシデントレポートとして作成します。

8.1 テスト実行の手順を確認する

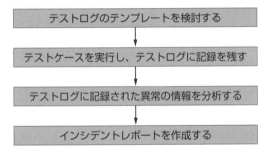

[図8.2◎テスト実行の手順]

8.2 テストログとインシデントレポート

　テストログとインシデントレポートの作成タイミングは、組織やソフトウェアテストの方法によって違いがあります。本章では、次のような順番で作業を行う前提で話を進めます。

※1　インシデントレポートは、一般に「バグ票」「不具合票」「障害管理票」「故障処理票」などと呼ばれています。本書では、ISTQB Foundation Levelのシラバスに書かれている「インシデントレポート」という用語を採用しています。

まず、テストケースの実行とその記録を行います。テストケースを順番に実行し、その結果や実行日時などをテストログとして記録していきます。テストケースを実行した結果がNGになった場合、その情報はインシデントレポートとして作成します。

ある単位にまとめられたテストケース群を一通り実行した後、作成したテストログを分析し、インシデントレポートを作成します。

テストログとインシデントレポートの関係を整理すると、図8.3のようになります。

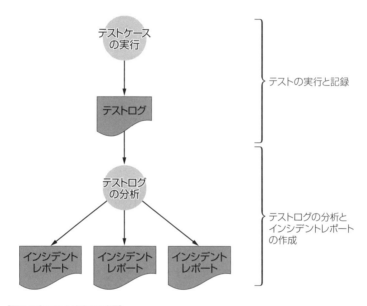

[図8.3◎テスト実行の手順]

テスト結果がNGのものすべてに対して、その都度インシデントレポートを作成するのではありません。異常内容を分析し、類似のテスト結果を見つけ、インシデントレポートにまとめて記述します。

この分析のところで、マインドマップを活用することができます（図8.4）。

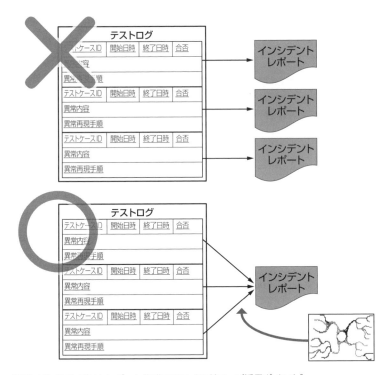

[図8.4◎インシデントレポート作成でのマインドマップ活用ポイント]

8.3 テストログの内容を検討する

　マインドマップを作成する前に、テストログの検討を行います。
　テストログは、インシデントレポートの入力情報になります。そのため、インシデントレポートに必要な情報が網羅されていなければなりません。インシデントレポートにはさまざまな情報が必要です。最低限必要な情報は何かをプロジェクトで検討した結果、次のとおりになりました[2]。

※2　インシデントレポートの詳細については本章の8.5で説明を行います。もしプロジェクトにインシデントレポートのテンプレートが存在しない場合、テストログのテンプレートとともに検討する必要があります。

●テストケースID

どのテストケースをテストして異常を見つけたのかという情報は必要です。

●発見日

異常な現象をいつ見つけたのかという情報も必要です。後で異常を見つけた日に、その実行環境がどうだったのか、同時に他のテストが実行されていなかったかなど、異常の原因を調査するときに必要だからです[3]。

●異常内容

どんな異常な振る舞いなのか、どのような異常な状態なのかを記載することは重要です。この内容は可能な限り詳しく書く必要があります。

●異常の再現手順

見つけた異常は再現できなければなりません。再現できない異常は調査できないからです。そのため、どのような手順を踏めば異常が再現できるかを記述する必要があります。

これらの他、テストログには、テストケースを実行した結果がOKだったのかNGだったのかも記述する必要があります。以上を整理すると、テストログとして残すのは次の項目になりました。なお、気がついた方もおられるかと思いますが、このプロジェクトでは不具合と思われる現象のことを「異常」と呼んでいます。異常は開発者の確認後に不具合認定された場合「不具合」とされます。用語の使い分けに注意してください。

```
・テストケースID
・実施者
・実施結果
・実施日と終了日 ← ここでは検討の結果、テストの実施日と
                    終了日とすることにしました[4]
・異常内容
・異常の再現手順
```

※3 発見日時と細かくしてもよいでしょう。
※4 同様に、実施日時、終了日時と細かくしてもよいでしょう。

さて、テストログのテンプレートが決まったところで、実際にマインドマップでテストログを記録し、分析に入ります。

8.4 テストログをまとめる

●ステップ1

紙の中央に「テストログ」と描きます。「テストログ」にこだわらず、各自わかりやすい名前をつけても構いません。

[図8.5◎ステップ1]

●ステップ2

テストログから、メイン・ブランチとしてOKとNG、実施不可を伸ばします。

[図8.6◎ステップ2]

このブランチは、テストケースの実行結果を分類するためにメイン・ブランチとして描いています。このようにすることで、テストを一通り終了した際に、どれだけのテストケースがOKになって、どれだけのテストケースがNGになったのかが把握しやすくなります。

　テストケースが問題なく実行できた場合はOKのブランチに、テストが失敗したらNGのブランチにテストケースIDなどの情報をつなげていきます。また、何らかの事情により実施できなかったテストケースは、実施不可というブランチに情報をつなげていきます。これは、テストケースが単に実行されていないということと明確に区別するためです。

　実際にテストを実施していると、テストケースは準備していたものの、テスト環境のセットアップの遅れで実施できないという場面に遭遇することはよくあります。このような「テストケースを実行できなかった」という情報が、のちに解析情報として重要になる場合があります。些細なことだと思いがちなことでも、記録に残すことを心がけることが大切です。

◉ステップ3

　ではテストケースを順に実行していきましょう。図8.7は、1個目のテストケースが問題なく実行できた後の記録です。

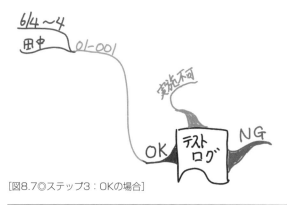

[図8.7◎ステップ3：OKの場合]

OKのブランチに、今回、問題なく実行できたということで「01-001」というテストケースIDを記入し、さらにブランチを伸ばし、実施日と終了日、テストケースを実行したテスト担当者の名前を描きます。
　複数の担当者でテストを実行した場合、全員の名前を記入しておきます。記録を取ったら、次のテストケースの実行に移ります。テストログは記録行為なので、事実を淡々と描いていきます。

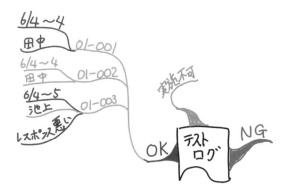

[図8.8◎ステップ3：テストケースごとに記録する]

　図8.8はさらにテストを進めたものです。テストケースID01-003を見てください。担当者名の下に「レスポンス悪い」というブランチが伸びています。
　これは、テスト担当者が気になった点をメモとして残しています。テストを実施していると、「結果は正しいのだけれど、動作がなんだかおかしい」という場面に出会うことがあります。
　このマインドマップの例では、テストケースの合格条件を満たし、テストケースの実行結果としてはOKですが、レスポンスの観点で見るとどうやら難がありそうだという結果を表現しています。
　このような情報が後に重要な情報になることもありますので、たとえテストケースがOKだとしても、気がついた点についてはきちんとメモに残しておきましょう。

たとえば、01-003の操作を行うことでシステムに大きな負荷がかかってしまい、不具合を引き起こすという可能性も考えられるからです。テスト担当者である池上さんは、この情報を残した際に、どうやら再テストを行った方が良いと考えたのでしょう。それもメモとして残しておくことにしました。

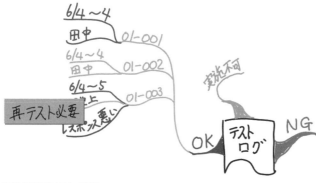

[図8.9◎再テスト必要]

図8.9では、メモに加えさらに「再テスト必要」という付箋紙を貼り付けています。ブランチを増やしていってもよいのですが、より目立たせるためにここでは付箋紙を使っています。

◉ステップ4

次はテストケースの実行結果がNGだった場合の例です。NGのブランチからテストケースIDが伸び、実施日と終了日、テスト担当者名が描かれています。ここまでは先ほどのOKの例と同じです。しかし、NGの場合はそれに加えてインシデント情報を記録する必要があります。ブランチを伸ばして記録を行うことにします。

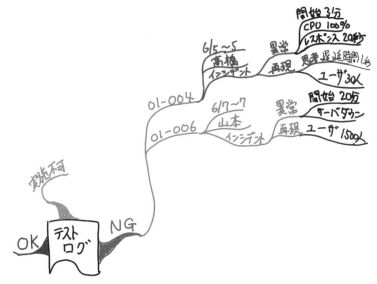

[図8.10◎ステップ4：NGの場合]

　テスト担当者の下に、**インシデント**というブランチを追加します。この先に、**異常**と**再現**というブランチが伸びていることがわかるでしょう。

　異常のブランチには異常内容を描いていきます。テストケースの実行結果を異常と判断した根拠となる情報や結果を描きます。テストケースID01-004の場合であれば、「開始3分で、CPU使用率が100％に達し、レスポンスがあるまで20秒かかる」ということをキーワードに分割して描いています。そして、その再現手順は再現というブランチに描いていきます。手順内容は「思考遅延時間を1秒、ユーザ数を30人」です。この例ではシステムへの負荷テストを実施していますので、再現手順には負荷テスト用のテストスクリプトに与える条件を描いています。これが機能テストの場合であれば、どういった操作を行ったかという操作ベースの情報が描かれます。

　なお、この異常情報や再現手順は、文章ではなくキーワードで、事実を簡潔に描いていくことを心がけてください。後で作成するインシデントレポートの記述内容は、事実を簡潔に書くことが求められるためです。

8.5 インシデントレポートを検討する

　テストログの分析に入る前に、インシデントレポートのフォーマットについて検討します。

　通常、インシデントレポートはテスト担当者によって作成されたのち開発者に送られ、開発者がその情報に基づいて解析します。解析結果はインシデントレポートに記入され、もし異常が不具合認定された場合は、対策内容の情報も記入されます。その後、インシデントレポートはテスト担当者に返送されます。テスト担当者は、返送されてきたインシデントレポートの内容を確認し、不具合認定された場合は新しいソフトウェアにて再テストを実施し、不具合認定された異常が修正されていることを確認します。

　このような作業の流れを踏まえて、インシデントレポートを検討します。図8.11に示すインシデントレポートは、テスト担当者が記入する部分は上半分で、下半分の解析情報と対策情報については開発者が記入することを前提としています。本書ではこのテンプレートが採用されているとして説明を進めていきます。

　なお、このテンプレートには「異常の重要度」や「対策の優先度」「異常の分類[※5]」といった情報を記入する欄がありませんが、そのような情報がプロジェクトで必要とされた場合は、つけ加えてください。

※5　「異常の分類」について知りたい方は、以下の書籍が参考になるでしょう。
『ソフトウェアテスト技法』ボーリス・バイザー著／日経BP社／ISBN 4-8227-1001-7
『ソフトウェア品質保証の考え方と実際』保田勝通 著／日科技連出版社／ISBN4-8171-6110-8

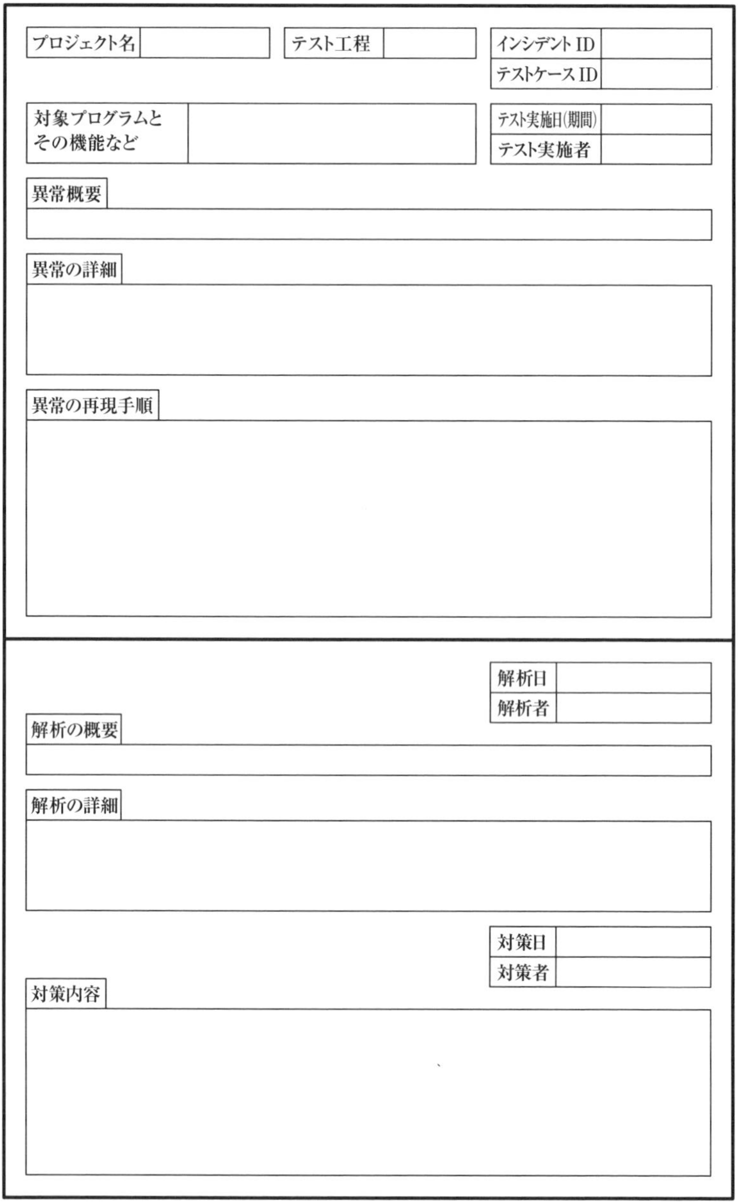

Chapter 8 テスト実行 〜テストログとインシデントレポートを書こう〜

プロジェクト名		テスト工程		インシデントID	
				テストケースID	
対象プログラムと その機能など				テスト実施日(期間)	
				テスト実施者	

異常概要

異常の詳細

異常の再現手順

	解析日	
	解析者	

解析の概要

解析の詳細

	対策日	
	対策者	

対策内容

[図8.11◎インシデントレポートのテンプレートの例]

8.6 インシデントレポートを書く

●ステップ1

テストケースを次々と実行し、テストログが一通りできあがったら、これを分析してインシデントレポートを作成します。

図8.12は、スケジュールしていたソフトウェアテストが全て終了した状態のテストログです。NGのブランチにつながる情報が、インシデントレポートを発行する際に利用する情報です。このブランチに着目します。

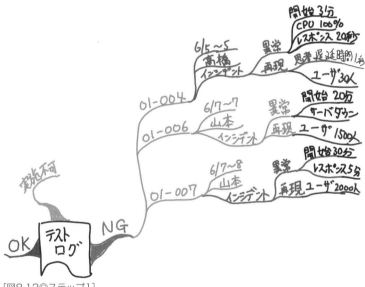

[図8.12◎ステップ1]

この例では3つのテストケースがNGになっています。これらがインシデントレポートとして報告する必要があるものです。

ではさっそくインシデントレポートを…、と書き出す前に、まずはマインドマップ全体を眺めてみてください。ブランチ間でなんらかの関係

があることに気がつく場合があります。ここではNGのブランチの異常と再現手順の情報を注意深く見比べてみましょう。複数の異常間での関係が見えてくる場合があります。

たとえば、テストケースIDが01-006と01-007の異常を見比べてみると、同じような異常内容であることがわかります。このように関連があると思われるものは、その関連を示すために枠で囲み、矢印を引いて関連を示します。

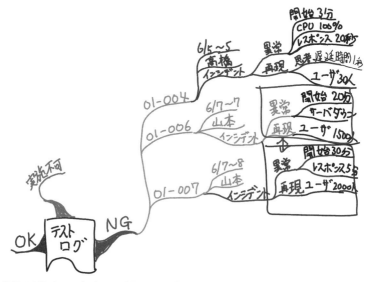

[図8.13◎インシデントの関連を見つける]

このような見方で異常内容の関係を洗い出していくことで、類似のインシデントレポートを複数発行するのを防止します。異常1つ1つにインシデントレポートを書いていくと、作成数も大量になりますし、それを書くための手間もバカにならなくなってきます。

開発者の立場に立ってみても、大量のインシデントレポートが送付されてくると、その仕分けや対策内容を記入する工数が大きくなってしまい、本来のデバッグ作業に影響が出てしまいます。また、開発者から返送されてきたインシデントレポートをテスト担当者が1つ1つ確認する

のも大変な手間になってしまい、インシデントレポートの管理工数や再テストの工数が膨大になってしまいます。

テスト担当者はインシデントレポートの管理工数を抑えるために、インシデントレポートを作成する際には、同様の現象を1つにまとめたり、インシデントレポート間の関連情報を書くように努めなければなりません。

●ステップ2

さて、関連情報の洗い出しがすんだら、いよいよインシデントレポートを作成します。テスト担当者は2つのインシデント情報をまとめ、1つのインシデントレポートとして発行することに決めました。その情報がわかるように絵を描き加えています。このインシデントレポートの絵には、インシデントIDをあわせて記入するのもよいでしょう。

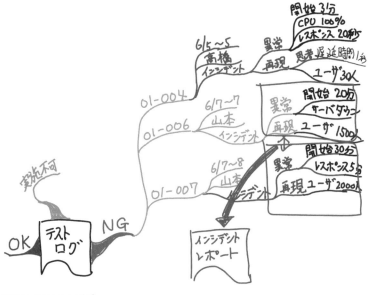

[図8.14◎ステップ2]

インシデントレポートを書くために、複数の異常情報を見比べることで、異常間の関連情報の見落としや類似異常を見つけやすくなり、インシデントレポートの作成数を減らすことができます。

また、マインドマップでは情報はキーワードで描かれるため、結果として情報が簡潔に整理されます。この内容をインシデントレポートの情報源とすることで、インシデントレポートの内容も簡潔になり、インシデントレポートそれ自体の品質向上にも寄与します。

◑ステップ3

このステップは参考までに読んでください。今までのステップでは、実施不可というブランチは、その先が伸びていませんでした。これは、テスト環境などの事情で実行できなかったテストケースがなかったということを示しています。

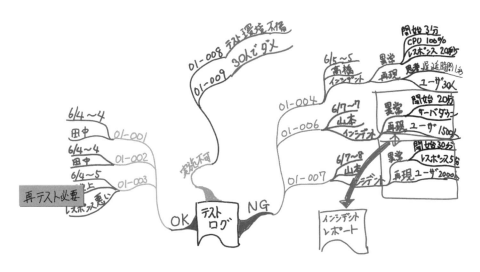

[図8.15◎ステップ3：実行不可だった場合]

もし、何らかの原因でテストケースの実行が行えなかった場合は、このブランチに情報を追加していきましょう。

　実施不可のブランチに、実行できなかったテストケースのIDと、メモを残しています。実行していないということと、実行できなかったということは明確に事象が異なるため、このように記録に残します。その際、なぜ実行できなかったかについてもメモしておきます。

　以上のように、テストケースを実行したらそれをテストログに残し、異常と異常の関係を洗い出してからインシデントレポートを作成します。その際、さまざまなメモを残し、分析に生かすことでインシデントの無用な発行を防いだり、インシデントレポートそのものの記述品質を向上します。こうすることで、結果としてデバッグやインシデントレポートの管理の効率が向上します。

8.7 Chapter 8 のまとめ

- テストケースの実行時にはテストログに記録を残す
  また、どんな情報がプロジェクトに必要なのか検討する

- インシデントレポートはやみくもに作成しないこと
  作成前には異常の情報を分析する

column インシデントレポートの管理にはBTSを活用しよう

インシデントレポートの作成にはまだまだExcelが使われることがあるようですが、現在ではBTS（Bug Tracking System）と呼ばれるツールやシステムを利用して作成・管理を行うのが常識となっています。BTSとしては以下のようなものがよく使われています。

■OSS
- Redmine
- Trac
- Mantis
- GitHub

■企業の内製システム
- 不具合管理システム
- 課題管理システム

■ベンダの有償システム
- JIRA
- Change

　Excelでの管理はそれぞれのテスト担当者がローカルPCでExcel帳票を作成し、それをファイルサーバなどに保存するといったことになりますが、多くの問題をはらんでいます。たとえば、どれが最新のファイルがわからなくなったり、さまざまな場所にファイルが分散保存されてしまったり、インシデントレポートの処理状態が表現しにくかったり、インシデントレポート横断の情報検索などが難しかったり、という問題があります。

　BTSを使うことで、Excelでの管理が持つ問題を解決することができます。まず、システムにインシデントレポートの情報を登録するので、インシデントレポートを集中管理できるようになりますし、常に最

新の情報を関係者でリアルタイムに共有することが可能となります。また、インシデントレポートをステータス管理することで、インシデントレポートの発行から、開発者が行う分析や対策、テスト担当者による再テスト、管理者による最終承認などの、一連の処理をワークフロー化することができます。その他、蓄積されたインシデントレポートの高度な情報検索が可能となったり、インシデントレポートの情報分析を手軽に行えるようになります。

このように、Excelでの管理では得られないたくさんのメリットが得られるので、現在ではBTSを活用しないのは考えられない状況になっています。もしBTSが導入されていないならば、早急に導入を検討することをおすすめします。

ただ、BTSを立ち上げるのはそう簡単ではありません。いきなりツールやシステムをインストールして使い始めるといったケースを見かけることがありますが、それでは使い物にならないか導入したとしてもいずれ破綻します。

BTSとして活用する場合には、システム要件をまとめ、それに基づいたインフラ設計、ワークフロー設計、チケット項目設計などが必要になります。また、きちんと設定が反映されているかのテストや運用に向けた教育活動も必要です。

初めてBTSを導入しようとする場合は、システム構築を意識して導入すると良いでしょう。その場合、NaITEが無償公開しているガイド「はじめてのバグ票システム ～導入実践ガイド」が参考になるでしょう。

・はじめてのバグ票システム ～導入実践ガイド（NaITE（長崎IT技術者会）著）
http://naite.swquality.jp/?page_id=40

Software testing with Mind Maps
第Ⅱ部●マインドマップをソフトウェアテストに使ってみよう

Chapter 9 テスト報告
～報告書を作成しよう～

　本章では、お客様やテストマネージャにテストの結果や総括を報告するテスト報告について解説します。テストの結果をマインドマップで整理し、テスト報告に必要な要約文章を検討します。

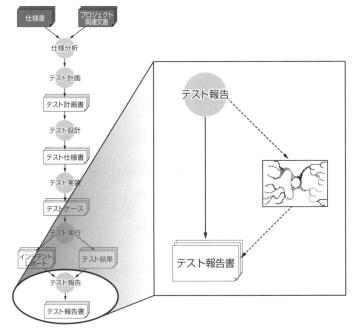

[図9.1◎Chapter 9で取り上げる工程]

テストが一通り終了しました。大きな問題もなく無事に終了してよかったです。
この調子で次のテストに移りますね！

待て待て。次のテストに移る前に、今のテストの報告をしてもらわないと困るよ。テストがすべて終了したら、テスト報告書を作成することが必要だ。
プロジェクトマネージャやテストマネージャは、次のテストに移ってもいいのか、あるいは追加のテストを実施するのかというのを、テスト報告書を読んで判断することになるんだ。

　テスト報告とは、ある一単位のテストが終了し、そのテストの結果が総合的にどうであったかを関係者に伝えるものです。主にテスト担当者が、テストマネージャやプロジェクトマネージャに報告し、テストマネージャやプロジェクトマネージャは、報告内容に基づいて次のテストケース（群）の実施や次のテスト工程への移行などについて決定します。
　前章でテストログを作成しましたが、これはテスト実行の記録であって、それだけでは報告になりません。なかにはテストログの表紙を書き換えることでテスト報告書としている乱暴なケースもあるようですが、それはあまりよいやり方とは言えません。テスト工程を通して作成されたテストのドキュメントや記録、関連情報を分析してテスト報告をまとめることが大切です。
　さて、ある一単位と書きましたが、通常テスト報告はテスト工程の終了時に行われます。ただし、組織やプロセスによって、報告のタイミングと回数が異なることがあります。表9.1にテスト報告を行う契機として考えられるパターンをいくつか挙げます。

Chapter 9 テスト報告 〜報告書を作成しよう〜

①ある一つのテスト工程（たとえば統合テスト）の終了時	
	コンポーネントテスト、統合テスト、システムテストなど、プロジェクトで設定された各テスト工程の最後に一度だけ報告を行います。
②あるテストタイプ（たとえば負荷テストやユーザビリティテスト）の終了時	
	ある独立したテストタイプが終了したら報告を行います。この場合、1つのテスト工程で複数回の報告を行う必要があります。
③あるモジュールやプログラムのテストの終了時	
	モジュールやプログラム、パッケージなど、あるひとかたまりのプログラム単位のテストが終了したら、その都度報告を行います。モジュールの粒度によっては非常に多くの報告を行う必要があります。
④ある一定期間（週や月）が経過したとき	
	週報や月報というものです。性質として作業日報や週報に近いものですから、これはテスト作業進捗管理としての作業に位置付けられるべきです。
⑤ある担当者が担当しているテストの終了時	
	ある担当者が担当しているテストが終了したら報告を行います。これも④と同じく、テスト作業進捗管理としての作業に位置付けられるべきです。

[表9.1◎テスト報告を出すタイミングの例]

　表9.1の例であれば、「①ある一つのテスト工程の終了時」「②あるテストタイプの終了時」「③あるモジュールやプログラムのテストの終了時」までが適当でしょう。①に比べると、②と③は結果としてより多くのテスト報告が行われるということになりますが、プロジェクトがそのような方針であれば、作成しても問題ないでしょう。

　「④ある一定期間（週や月）が経過したとき」と「⑤ある担当者が担当しているテストの終了時」はその性質として作業日報や週報に近いものですから、これはテスト作業進捗管理としての作業で行うべきです。テストに関連する報告のすべてがテスト報告でないということに注意してください。

　現実的には一つのテスト工程で、「②あるテストタイプの終了時」や「③あるモジュールやプログラムのテストの終了時」といった複数のテスト報告が行われ、すべてのテストが終了した時点で、「①ある一つのテスト工程の終了時」のテスト報告が行われる、といったケースが多いようです。その際は、テスト報告書の構成管理などを行い[※1]、最終的なテスト報告をする前に情報が陳腐化していないように、継続的に文書のメンテナンスを行う必要があります。

※1　通常、テスト報告書だけでなく、他のドキュメントも構成管理を行う必要があります。また、テストツールのスクリプトなども、構成管理の対象となります。

9.1 テスト報告の手順を確認する

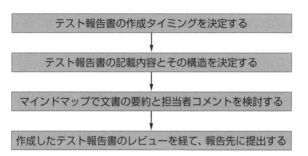

[図9.2◎テスト報告の手順]

9.2 テスト報告書のテンプレートを作成する

では、テスト報告書には一体何を書けばよいでしょうか。テスト報告書のテンプレートがあれば、そのテンプレートを使用します。テンプレートがないようであれば、テスト報告書に必要な内容を関係者で検討し、洗い出すことが必要です。

今回のケースでは、**テスト報告書のテンプレートがない**という前提で話を進めます。

プロジェクトの関係者にヒアリングを行ったところ、今回のプロジェクトでは、「各テストタイプのテスト終了時に報告すること」を求められました。内容については次のような要求がありました。

Chapter 9 テスト報告 〜報告書を作成しよう〜

> - 各テストタイプのテスト終了時に報告を行うこと。
> - 要約内容として、実施期間と工数および人数、テスト結果と不具合の傾向、テストの目的と内容、テスト担当者のコメントが簡潔にA4用紙1〜2ページで書かれていること。
> - テスト結果について特に大きな問題がないようであれば、要約しか読まない。
> - テスト結果の分析など、細かい内容については、要約とは異なる項目で記述のこと。
> - テスト計画などテスト報告に詳細に記入するのが難しいものについては、テスト報告には簡単な要約を記載するにとどめ、詳細については参照する文書名と文書番号を記載する。
> - 報告するテストに関わった者と連絡先を記載すること。
> - 特記事項があれば、新たに項目を起こし記載すること。
> - 解決された不具合については、その傾向を簡単なグラフで示すとともに、インシデントレポートの番号一覧があればよい。
> - 未解決の不具合に関しては、それぞれの要約と参照するインシデントレポートの番号を記載する。

　これらの要求を検討し、テスト報告書の文書構造を決めていきます。IEEE 829を参考にして、表9.2に示すような構造にすることにしました。

テスト報告書（テストタイプ終了報告）
1. テスト報告書番号
2. 本報告の要約と見解
3. テスト実施内容と要約
4. テストの総合評価
5. 不具合の傾向と積み残し
6. テストにおける特記事項
7. テスト実施時のステークホルダー

［表9.2◎テスト報告書の構造］

引き続きIEEE 829を参考に各項目についての記載内容を細かく決めていきます。

1. テスト報告書番号：
 テスト報告書番号を連番で付ける。
2. 本報告の要約と見解：
 以下をA4用紙1〜2枚で記載する。
    要約
    ・テストの目的と内容
    ・実施期間と工数（人数）
    ・テスト結果（合否を記載）
    ・不具合の傾向
    見解
    ・テスト担当者のコメント
    参照する文書の一覧
3. テスト実施内容と要約：
 テスト計画時の計画と実際を比較して、その相違を簡潔に記載する。詳細については、参照する文書名を挙げるに留める。
4. テストの総合評価：
 テストの合否とその根拠を記載する。
5. 不具合の傾向と積み残し：
 テストで発見された不具合の傾向をグラフで示すとともに、修正・未修正の不具合をそれぞれリストする。
    ・不具合の傾向の簡単なグラフ
    ・修正した不具合
    ・インシデントレポートのIDリスト
    ・未修正の不具合
    ・不具合の要約とインシデントレポート番号

> 6. テスト時における特記事項：
>   報告するテストにおいて、特に示しておく必要がある事項について記載する。
> 7. テスト実施時のステークホルダー：
>   報告するテストに関わったメンバーと連絡先を記載する。

　詳細な記載内容を決めたら、このテスト報告書へのインプットとなるドキュメントを洗い出します。ドキュメントがテスト報告書のどの項目のインプットになるか検討し、テスト報告書内の各項目と外部のドキュメントの関係を定義します。その結果、図9.3のようになりました。

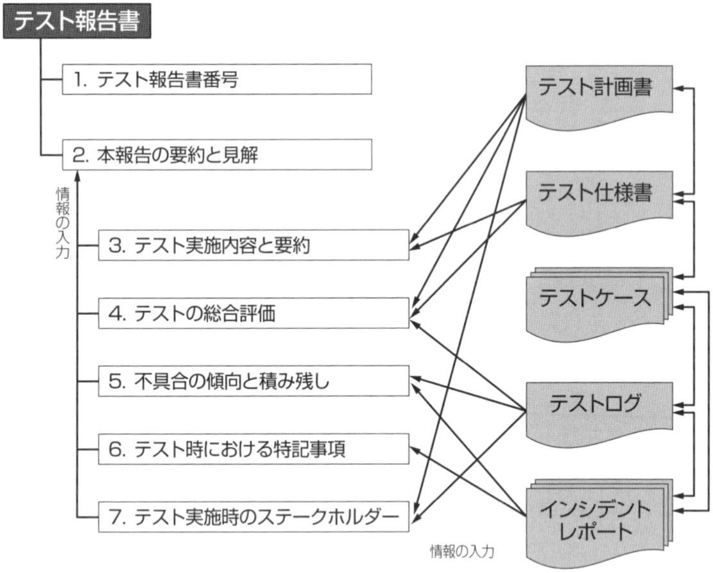

[図9.3◎テスト報告書とテストドキュメントの関係]

　本書では、この内容でテスト報告書を作成することにします。
　なお、テンプレートを新たに作成した時点で[※2]、この内容の報告書で

※2　報告書のテンプレートは通常、テスト計画を検討する工程で作成します。「テスト報告」の章で説明していますので、テスト実行が終わってから取り組むものと勘違いするかもしれませんが、注意してください。

良いのか、関係者に必ず確認を取らなければなりません。

　テスト報告はプロジェクトに対して、テストによって明らかとなったリスク情報などをフィードバックする、非常に大切な工程です。何がプロジェクトにとって必要な情報なのかしっかりと議論し、見極める必要があります。すでにテスト報告書のテンプレートがある場合でも、プロジェクトやプロダクトの性質によって、求められる報告の内容は大きく変わることがあるため、テンプレートと同様に関係者への確認と同意を取り付けておくことが必要です。

●マインドマップを用いてテスト報告書を作成する

　テスト報告書のテンプレートが決まったところで、テスト報告書を作成していきます。しかし、テスト報告書全体をマインドマップで検討するには、項目が多すぎて対応できません。また、無理してマインドマップを作成する必要がない項目も多数あります。項目を改めて眺めてみると、「本報告の要約と見解」以外は、すでに作成されているテスト文書からの情報の転記になるため、わざわざマインドマップを使って検討する必要はありません。

　一方「本報告の要約と見解」については、各項目の情報を集めつつそれを要約し、テスト担当者としての見解をコメントとして残さねばなりません。各項目から集められた情報全体を俯瞰的に見て、それを文章としてまとめる必要があるため、ここに試行錯誤が必要になります。この試行錯誤にマインドマップを適用することができます。

　今回は、テスト報告書の「本報告の要約と見解」を作成する作業にマインドマップを適用します。図9.4に手順をまとめます。

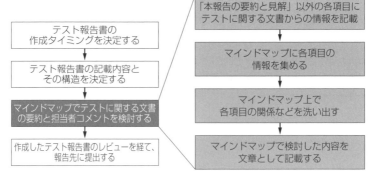

[図9.4◎テスト報告書作成へのマインドマップ適用の手順]

9.3 マインドマップで要約する

●ステップ1

「本報告の要約と見解」についてマインドマップを描いていきます。求められているテスト報告書はテストタイプ単位でしたので、負荷テストのテスト報告書を検討します。

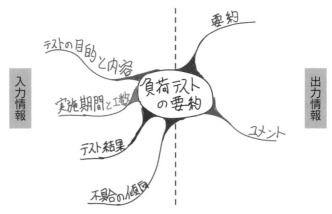

[図9.5◎ステップ1]

まず情報元となる項目をメイン・ブランチとして描いていきます。「テストの目的と内容」「実施期間と工数」「テスト結果」「不具合の傾向」は、「要約」や「コメント」の入力情報と捉えることができます。

　入出力情報を図で表現するとき、入力を左、出力を右に配置するのが一般的です。このマインドマップでも、入力情報は左側に配置し、出力情報にあたる「要約」と「コメント」を右側に配置しています。このように、ブランチを伸ばす位置に意味を持たせることができます。

●ステップ2

　左側にあるブランチに必要な情報を描いていきます。各項目は、情報元となるテスト文書から必要な情報を整形して転記します。

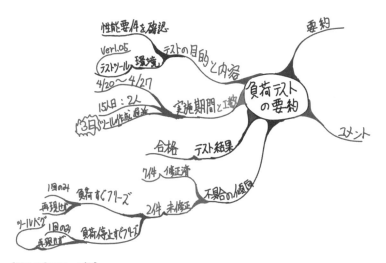

[図9.6◎ステップ2]

　このマインドマップの目的は、全体の要約とコメント内容を検討することにあるので、この手順にはあまり労力をかけません。もし左側の内容に不足があれば、適宜項目を追記します。

●ステップ3

　右側のブランチを描く前に、左側に描かれている内容に関連があるかどうかを見ていきます。

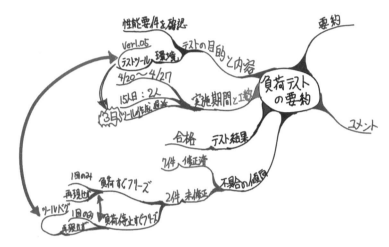

[図9.7◎ステップ3]

　未修正の2件に注目すると、どうやらこれらは今回の負荷テスト用に作成したテストツールの不具合ではないかと疑うことができます。そこで、矢印で関連を表しています。そして、そのテストツールは「テストの目的と内容」というブランチにも描かれているので、そこにも矢印をつなげ、関連づけておきます。

　テストツールに注目して全体を眺めてみると「ツール作成遅延」とありますので、このブランチにも矢印を引きます。

　これらから推測すると、どうやら今回の負荷テストではテスト自体は合格となっているものの、負荷テストに使用した自作のテストツールになんらかの問題がありそうだということが見えてきます。この調子でさらに関連を見ていきます。

●ステップ4

　左側の分析が終わったので、この情報を整理しながら右側の「要約」を描いていきます。

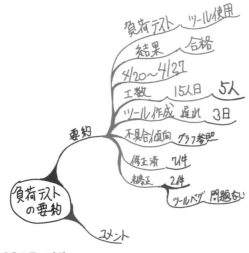

[図9.8◎ステップ4]

　要約は、実際にテスト報告書に記載される場合には文章になるため、それを意識してキーワードを描いていきます。一番上のブランチから順に読んでいくと、それだけである程度文章として成り立ちそうなものになっていることが理想です。

●ステップ5

　最後に残ったのはコメントです。ここには、テスト担当者の過去の経験や他のプロジェクトの情報による意見、見解を描いていきます。ステップ4の「要約」は、分析結果の文章の整理という意味合いが強かったのですが、このコメントに関しては過去の経験などからの気づきを描きます。文章としての体裁はひとまず後回しにして、思いつくままに描いて

いきます。

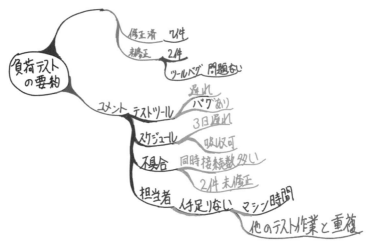

[図9.9◎ステップ5]

　要約とコメントが描き上がったら、この情報を元にして実際にテスト報告書に文章を書いていきます。この例では、コメントについてはマインドマップ上で文章レベルに整形することはしてませんが、用紙に余裕があれば整形しても構わないでしょう。

　なお、本書では検討しませんでしたが、負荷テストの場合、サーバの応答時間やリソースのモニタ結果等の分析と報告も求められる場合が多いです。作成する報告書では、何を報告するのかも事前によく検討しておきましょう。

　以上で、テスト報告書の作成が終了です。提出する前にレビューを行い、テスト報告書を完成させます。このように、報告書を作成する際にマインドマップを使って全体の情報を俯瞰すると、何が重要なのかが見えてきます。また、キーワードで描くことで、簡潔な報告文を書けるようになります。報告書の作成に馴れないうちは、このようにマインドマップを活用するとよいでしょう。

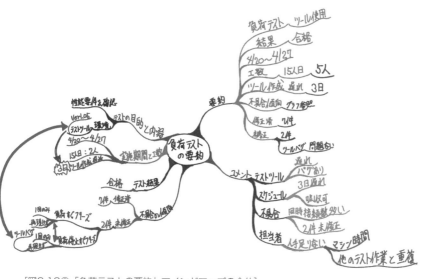

[図9.10◎「負荷テストの要約」マインドマップの全体]

9.4 Chapter 9 のまとめ

- ◉ テスト報告のタイミングを検討する
- ◉ テスト報告書で報告する内容と文書構造を決める
- ◉ テスト報告書内の要約文章の作成にマインドマップを活用する

Chapter 9 テスト報告 〜報告書を作成しよう〜

column: ISO/IEC/IEEE 29119における テスト報告書の項目

　本章ではIEEE Std 829-1998ベースのテスト報告書を参考にしています。この規格は、ISO/IEC/IEEE 29119 Part 3（以下、29119）で更新されています。29119に挙げられているテスト計画書の構成は次のとおりです。

```
1.概観

2.文書情報
  2.1.概観
  2.2.文書番号
  2.3.発行組織
  2.4.承認権限
  2.5.変更履歴

3.はじめに
  3.1.適用範囲
  3.2.参考文献
  3.3.用語集

4.実施したテスト
  4.1.テスト実施結果サマリ
  4.2.計画されたテストからの逸脱
  4.3.テスト完了評価
  4.4.進捗を阻害した要因
  4.5.テストメジャー※
  4.6.残存リスク
  4.7.テスト成果物
  4.7.再利用可能なテスト資産
  4.8.教訓
```

　テスト報告書のテンプレートは一度作ったら固定せず、最新の規格も参考にしながら、自組織やプロジェクトにとって有意義な報告となるように改善するとよいでしょう。また、本章の表9.1で解説したように、報告シーンに合わせてテンプレートを準備しておきましょう。

※　テストメジャーは、日本の現場ではテストメトリクスと言われているものです。テスト計画で定めたメトリクスに対する最終結果を記述します。

Software testing with Mind Maps

第Ⅲ部
本書のまとめ

第Ⅲ部は第Ⅰ部と第Ⅱ部までのポイントを整理します。また、本書の内容をさらに活かしていくにあたってのアドバイスを行います。

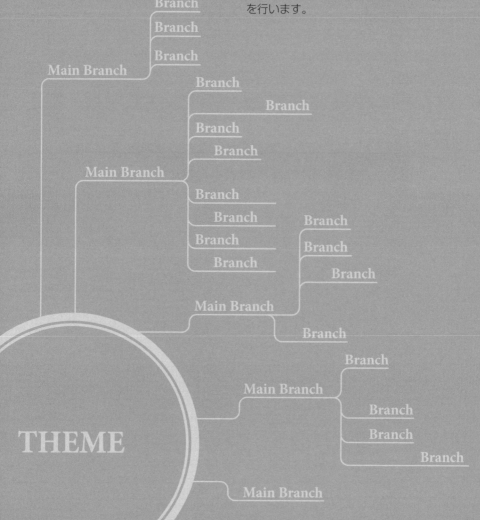

Software testing with Mind Maps
第Ⅲ部●本書のまとめ

Chapter 10 まとめ
～さらにテストの品質を向上し、マインドマップを活用するために～

　本章では、まず第Ⅰ部と第Ⅱ部を簡単に振り返り、あらためて、全体を通して押さえておくべきポイントを説明します。そのうえで、ソフトウェアテストの品質をさらに向上するために、本書に加えて必要となる観点を紹介します。そして、本書の内容を現場で実践するにあたって必要となる、マインドマップを活用するためのコツをいくつか紹介します。

10.1 第Ⅰ部と第Ⅱ部のまとめ

　第Ⅰ部では、ソフトウェアテストとマインドマップの基本の説明を通して、ソフトウェア開発におけるソフトウェアテストの重要性や位置づけを確認しました。また、マインドマップの概要とソフトウェアテストでの活用イメージをつかめるように割り勘アプリのテスト設計事例を示しました。
　第Ⅱ部では、ソフトウェアテストの「分析」「計画」「設計」「実装」「実行」「報告」の各作業工程ごとに、マインドマップを使いながら、やるべきことやその勘所を説明しました。ソフトウェアテストはただテストケースを実行するだけではなく、テスト対象の分析や計画立案も必要です。テストケースの作成そのものについても、設計を行ったうえでテス

トケースとして実装する作業があります。さらに、実行後には報告の作業があります。このように、ソフトウェアテストも、多くの作業工程がある"テストウェアの開発作業"であるということを理解することができたでしょう。

また、ソフトウェアテストの活動は、各作業工程のさまざまな局面で"発想"や"気づき"が必要となります。ソフトウェアテストは仕様書に直接書かれていることはもちろん、書かれていないことまで検討の幅を広げる必要があるからです。この発想を促進し気づきを得るために、マインドマップは大きな効果を与えてくれることを理解することができたでしょう。

ソフトウェアテストはただ実行するものではありません。さまざまな作業があり、それぞれに気づきを得ながら進める必要があるのです。

MM 10.2 さらにテストの品質を向上するために

本書は、ソフトウェアテストに必要な作業工程に焦点を当てて説明しました。もしあなたが今までこういった作業工程、すなわちテストプロセスを意識せずにソフトウェアテストを実施していたとしたら、テストプロセスを意識してソフトウェアテストに取り組むだけでもテストの品質はまちがいなく向上します。

しかしこのテストプロセスの導入というものは、ソフトウェアテストをよりよく進めていくための最低限のことであり、スタートラインです。さらに高品質なソフトウェアテストを実施するためには、他の観点も必要となります。ここではそのいくつかを紹介します。

●テスト設計技法を活用しよう

ソフトウェアテストの直接的で大きな目的のひとつは「バグを見つけ

ること」です。そのためには場当たり的にテストケースを作るのではなく、テスト設計技法を活用してテストケースを作ることが必要です。テスト設計技法と呼ばれるものはたくさんありますが、「ISTQBテスト技術者資格制度 Foundation Levelシラバス 日本語版Version 2011.J02」（以下、ISTQB Foundation Levelシラバス）には、次の技法が掲載されています。

■仕様ベース/ブラックボックスのテスト技法
- 同値分割法
- 境界値分析
- デシジョンテーブルテスト
- 状態遷移テスト
- ユースケーステスト

■構造ベース/ホワイトボックスのテスト技法
- ステートメントテストとカバレッジ
- デシジョンテストとカバレッジ

■その他の構造ベース技法
■経験ベースのテスト技法

シラバスに掲載されているもの以外にもたくさんの技法が存在します。これらの技法を活用することで、より高品質なテストケースを効率的に作成できます。

しかしながらテスト設計技法を学んでも、その使いどころに苦労するといった話も聞きます。それは今回のテスト対象がどういったもので、どのような観点からテストをするのかという全体像（アーキテクチャ）がないままに技法を適用しようとしているからです。近年、この問題に対するひとつの解としてテスト分析や設計のための技法も発展しています。一例として、IPA SECから発行された『高信頼化ソフトウェアのための開発手法ガイドブック』にはテスト要求分析手法として表10.1の技法が紹介されています[※1]。

※1 出典：『高信頼化ソフトウェアのための開発手法ガイドブック　予防と検証の事例を中心に』独立行政法人情報処理推進機構　ソフトウェア・エンジニアリング・センター 編／独立行政法人情報処理推進機構／2011年、p.148「表6-1　テスト要求分析手法」

手法名	表現方法	特徴	プロセス
NGT	ツリー	テスト全体をテスト観点で網羅	VSTeP
FV表	表形式	目的機能の切り口でV&Vを網羅	HAYST法
ゆもつよメソッド	表形式	機能×テストタイプで網羅をチェック	ゆも豆
Tiramis	ツリー（MM[※2]）	テストタイプ分析を実施。機能はMM	―
TAME	ツリー（MM）	テスト設計思考の可視化とレビューによるテスト観点の洗い出しおよび整理	―

[表10.1◎テスト要求分析手法]

　これら以外にも、NPO法人ソフトウェアテスト技術振興協会（以下、ASTER）が主催する「テスト設計コンテスト」でさまざまな手法が提案されていますので、参考にするとよいでしょう。

・テスト設計コンテスト
http://aster.or.jp/business/contest.html

◉テスト観点の種となる知識を蓄えよう

　テスト分析やテスト設計ではテスト観点をどれだけ発想できるかが重要です。ここで発想した観点に基づいてテスト実装でテストケースを作成し、テスト実行にてテストケースが実行されます。つまり、テスト観点を発想できなければ、テストケースが作成・実行されず、リリース後に不具合が発見されてしまうことになります。これを防ぐための一つの方法として本書ではマインドマップによる発想を説明しています。

　ただし、マインドマップを使いさえすればテスト観点をたくさん発想できるかというと、決してそうではありません。マインドマップを使ったとしても無から有を生み出すことはできないのです。このため、発想の種とでもいうべき知識を自らに蓄えておく必要があります。この知識には、次のようなものがあります。

※2　MMはマインドマップの略です。

- ドメイン知識
- 開発技術の知識
- 不具合の知識
- 標準や法令の知識
- 仕向け地先（リリース先）の文化

　テストとは別にこれらも勉強し、発想の種として蓄積する必要があります。そしてテスト分析やテスト設計の時にその種をベースに発想していきます。ただ、一人で全部の知識を蓄えるのは難しいことです。自身の知識が不十分だったり不安があったりするときは、開発者等の有識者に協力を仰ぎ、ペアテスト設計を実施したりテストレビューへ参画してもらったりするとよいでしょう。

　その他、組織としてテスト観点の種を蓄えていくこともよいでしょう。たとえばキーワード化したテスト観点のリストを作っておき、テスト分析やテスト設計時に参照するといった方法があります。テスト観点の発想については6章の章末コラム「テスト項目やテスト観点を見つけるコツ」でも触れていますので参考にしてください。

●テスト自動化に取り組もう

　テスト実行の局面において、大量に作成されたテストケースを手動で実行するのはそれなりに期間もコストもかかります。大規模かつ短納期開発という現在のプロジェクトでは、その要求に対応するためのひとつの手段として、より積極的なテスト実行の自動化が求められてきています。テスト実行の自動化によって受けられる恩恵はいくつかありますが、代表的なものとして次のようなものがあります。

- 回帰テストで実行にかかる時間を短縮できる
- テスト手順を誤りなく実行できる

　テストの実行にかかる物理的な時間を削減し、かつ人間には付き物であるミスをなくすことで、大量のテストケースを短時間に誤りなく実行

し、テスト実行の効率を向上することが可能となります。

また、これら以外にも「手動では不可能なテストを実行できる（たとえば、秒間20回以上の連打ができる）」とか、本書でも取り上げたように「負荷テストで大量のリクエストを物理的なクライアントを準備せずに発生させる」ということが可能となり、人間業や人海戦術でも対応できない高度で難しいテストも可能となります。近年ではCI（継続的インテグレーション）ツールと組み合わせて、回帰テストを効率化するなどの取り組みも一般的になってきました。

ただし、テストの自動化も良い面だけではありません。まず、自動化はツールの適用が必須となりますので、その購入コストなどがかかります（OSSを利用することでコストを抑えることは可能です）。

また、テストの手順をテストスクリプトとしてプログラミングすることが必要となり、テスト担当者にもプログラミングスキルが必要となります。テストスクリプトもプログラムなので、プログラムの構造化とかモジュール化といったことが必要になりますし、Gitなどを使ってバージョン管理していく必要もあるでしょう。作られたテストスクリプトはその後の保守が必要となります。これらのコストもかかってきますので、テストの自動化は基本的には推進するべきですが、自動化したことでかえってコストがかかるようになってしまったということにならないように注意しておく必要があります。

しかしながら、自動化によって受けられる恩恵は大きいので、**現在のソフトウェアテストでは自動化に取り組むのは当たり前**と考えておくのがよいでしょう。

●テストプロセス全体にツールを活用しよう

先ほどの自動化のトピックはテスト実行についての説明でしたが、それだけではなくテストプロセス全体にツールを適用して効率や作業品質を向上していくことも大切です。ASTERのテストツールWGが公開している「テストツールまるわかりガイド（入門編）」では、テストツー

ルの体系を表10.2のように整理しています[※3]。

NO.	テストの作業	作業を支援するツールの種類
①	テスト分析	要件管理ツール
②	テスト設計	状態遷移テストツール、組合せ支援（直交表、オールペア）、原因結果グラフツール、動的解析ツール、その他のテスト設計支援ツール
③	テスト実装	スタブツール、シミュレータ、ラボイメージツール、テストジェネレータ、テストケース管理ツール
④	コード解析	静的解析ツール、構造解析ツール
⑤	テスト(自動)実行	ユニットテストツール、キャプチャ／リプレイツール、性能テストツール、セキュリティテストツール、テスト自動実行支援ツール
⑥	テストウェア管理	構成管理ツール
⑦	テスト結果管理	テスト結果管理／テスト結果レポートツール
⑧	インシデント管理	インシデント管理ツール

[表10.2◎テストの作業と支援ツール]

　インターネットの検索エンジンで「テストツール」と検索すると、ヒットするのはたいていテスト（自動）実行ツールなので、それがテストツールだと勘違いしてしまいがちです。テスト実行のツールも大切ですが、他の作業工程でもさまざまなツールを適用することが大切です。なかには一般には開発ツールと呼ばれているツールもテストに転用することが可能です。

　またテスト実行のみをツールを使って自動化してもその効果は局所的になってしまい、テストプロセス全体を効率化することはできません。このため、テストプロセスの各作業工程それぞれや横断的に利用できるツールを積極的に導入することが大切です。ソフトウェアテストにもツールセットやツールチェインといった考え方を適用して、全体を効率化・高度化することが重要です。

◉テスト管理を導入しよう

　本書ではスコープ外として解説しませんでしたが、テスト作業は開発作業と同様に管理（マネージメント）する必要があります。テストを実施するために必要なリソース（人員やチーム、テスト環境）を確保し、

※3　出典：「テストツールまるわかりガイド（入門編）Version 1.0.0」ASTER テストツール WG 著／NPO 法人ソフトウェアテスト技術振興協会／2012 年、p.48

テスト計画とテストプロセスに従ってテスト作業をし、最終的にテストを完遂させます。このとき、テスト計画に基づいてテストのプロジェクトが問題なく進行しているかを常に状況管理する必要があります。また、テスト管理を行うことで、テストにおける作業で発生したリスクの把握やその対応を行い、プロジェクトに対してフィードバックを行います。

ISTQB Foundation Levelシラバスには、テストのマネジメントの章にて次の項目が学習事項として示されています。

- テスト組織
- テスト計画作業と見積もり
- テスト進捗のモニタリングとコントロール
- 構成管理
- リスクとテスト
- インシデント管理

ソフトウェアテストをプロジェクトとして成功に導くためには、テスト管理技術導入は欠かせません。特にテストリーダやマネージャにとっては必要になる技術ですし、そうでなくても現時点における日々の作業を効率化してくれますので積極的に導入するとよいでしょう。

●継続的に成熟度を向上しよう

ソフトウェアテストの品質を高めていくためにはさまざまな技術を導入することが必要であることは述べました。ただし、導入しただけでは不十分で、その導入した技術がどの程度高度に活用できているのか、チームやプロジェクトにどの程度定着しているかなどを把握し、必要ならば改善施策を計画し、改善活動を行う必要があります。

このために、近年ソフトウェアテストの成熟度を測定する技術が発展しており、国内でも導入が図られています。「ISTQBテスト技術者資格制度 Advanced Levelシラバス 日本語版 テストマネージャVersion 2012.J03」では次の技術が掲載されています。

- TMMi
- TPI Next
- CTP
- STEP

これら以外にも、2015年にはソフトウェアテストプロセスのアセスメントモデルであるISO/IEC 33063[※4]が公開されているほか、ソフトウェアテストエンジニアのスキル標準であるTest.SSF[※5]を使って個人と組織の成熟度を測ったり、ISTQBテスト技術者資格制度[※6]などの資格試験により個人の成熟度を測ることができます。

継続的な改善のためには、定期的に現状測定を行うことが重要です。ここで挙げた技術や仕組みを活用するとよいでしょう。

社外のシンポジウムやカンファレンスを活用しよう

本書の初版が発売された2007年ごろと比べて、ソフトウェアテストに関するシンポジウムやカンファレンスなどのイベントが多く開催されるようになりました。イベントではソフトウェアテストに関する最先端の情報や導入事例を知ることや、さまざまな分野から参加する技術者と交流の機会を持てます。以下に国内の主なイベントを紹介します。

JaSST（ソフトウェアテストシンポジウム）
URL http://www.jasst.jp/

JaSST（ジャスト）はASTERが主催する、ソフトウェアテスト技術を扱ったシンポジウムです。2003年に東京で開催されたのを皮切りに、北海道・東北・新潟・北陸・東海・関西・四国・九州で開催され、それぞれの地域ごとに独自色を持ったイベントとして発展を遂げています。

とりわけ毎年東京で開催されるJaSST Tokyoは、2日間で延べ1,700名を超える技術者が参加する国内最大のイベントで、ソフトウェアテス

※4 https://www.iso.org/standard/55154.html
※5 http://aster.or.jp/business/testssf.html
※6 http://jstqb.jp/

トに関するあらゆる話題が取り上げられています。

WACATE（ソフトウェアテストワークショップ）
URL https://wacate.jp/

　WACATE（ワカテ）はWACATE実行委員会という有志が主催する、ソフトウェアテスト技術を扱った合宿型ワークショップです。初回は2007年に東京・上野で開催されましたが、その後は神奈川県三浦半島で開催されています。夏と冬の年2回、毎回60名ほどの規模で開催されています。シンポジウムとは異なりソフトウェアテストに関する演習と議論が中心となり、夏は1つの技術を2日間で掘り下げる内容、冬はさまざまな技術をアラカルト的に触れるという内容になっています。実際に手を動かすため、技術を具体的に身につけることができます。

SQiPシンポジウム（ソフトウェア品質シンポジウム）
URL https://www.juse.jp/sqip/symposium/

　SQiP（スキップ）シンポジウムは、日本科学技術連盟が主催する、ソフトウェア品質を扱ったシンポジウムです。セッションプログラムはソフトウェア品質全般で、幅広いテーマの中のひとつにソフトウェアテストがあります。ソフトウェアテストに関しての実践事例情報を入手できる他、関連する他の技術（たとえばプロセス改善や開発技術、プロジェクト管理など）についての情報も得ることができます。特にテストエンジニアにとって関連深いソフトウェア品質保証についても情報を得ることができます。

　ソフトウェアテストの品質を高めていくためには、常にさまざまな情報を入手することが必要ですし、そのためにこのようなイベントに参加するなどしてアンテナを立てておくことが重要です。ここに挙げたもの以外にも全国各地で同種のイベントや技術者コミュニティによる勉強会

が開催されています。積極的に参加するとよいでしょう。

10.3 マインドマップを活用するために

さて、ここまで読み進めた読者の方の中には「よし、さっそくマインドマップを業務で試してみよう！」と考える方もいらっしゃるかと思います。ここでは現場でマインドマップを活用するにあたり、ポイントをいくつか紹介します。

◉マインドマップは、中間成果物の位置づけくらいから始めるとよい

マインドマップを実際に業務で使いたくなったときには「よーし、これから作る文書は全部マインドマップで描くぞ！」という意気込みを持ちがちです。ですが、まずは中間成果物のためのツールという位置づけから始めるとよいでしょう。（本書においては）マインドマップは何かを作成する際に"気づき"を得る目的で利用しています。ですから、たとえば公式文書のように間違いや誤りが混入するのを拒む物を作成する用途には向きません。なぜなら"気づき"は思考におけるノイズでもあるからです。いきなり全部に使うのではなく、まずは使えるところから少しずつというのが無理がありません。

◉マインドマップを描くことを目的としない

マインドマップを描き慣れてくると、きれいに描いてやろうという気持ちが芽生えてきます。お絵描きですから、それはしかたがないことでしょう。ただ待ってください。ソフトウェアテストにマインドマップを利用する目的は「気づきを得ること」です。絵を描くことが目的ではあ

りません。どんなにきれいなマインドマップを描いたとしても、そこに気づきが何も描かれていなければ意味がありません。

マインドマップを描くときには、何を目的として描くのかを強く意識して取り組むことが重要です。ついつい忘れがちになりそうな人は、「このマインドマップの目的」というブランチを作成するとよいでしょう（余白に書くのもよいでしょう）。公式な文書では、最初に「本文書の目的」として、文書の概要と目的を書く場合が多いですが、同様なことをマインドマップでも適用するわけです。

◐マインドマップを描き上げたところで作業が終わった気にならないようにしよう

マインドマップを描き上げると達成感が得られます。それ自体はとてもよいことですが、時折この達成感から「テスト設計でのマインドマップが描き上がったところで、テスト設計そのものが終わった気になってしまっている」というような人を見かけます。

本書ではマインドマップは中間成果物としての位置づけです。マインドマップに描いた内容をもとに、さらに検討を進めたり、別の公式文書にまとめたりという作業があります。マインドマップを描き上げたところで作業が終わったと錯覚しないように気を付けましょう。

◐マインドマップは何枚描いてもよい

マインドマップを1回で描き上げようとすると、失敗を恐れてしまって発想にブレーキがかかってしまいます。マインドマップは中間成果物です。何枚描いてもよいのです。

◐チーム内へのマインドマップ普及はじわじわとやろう

マインドマップに慣れてくると「そうだ、チームで使おう！」と自分

の身近にいる人に伝えようとするものの、うまくいかないことも多いようです。最近では国内のテストエンジニアがマインドマップを使う機会を目にすることも増えましたが、そうはいってもまだまだ使ったことがない人が多い状況です。

マインドマップは慣れていないと、その仕上がりや作っている最中の姿は奇抜・奇妙に見えます。ですから、いきなり標準ツールにすることを宣言してしまうと、慣れていないメンバーからの反発を招くこともあります。まずはボトムアップ的なアプローチ、別の言い方をすれば草の根的なアプローチにより導入を行うのが無難です。

本書の読者のような積極的な方が使っている姿を意識して見せることで「なんだかおもしろそうなことをやっているな」と興味を持たせます。興味を持ってもらえば自然と周りには広まっていきます。気づいたら全員が使っていた。そんな状況が理想でしょう。そしてそのような状況になったら「プロジェクトの基本ツールとして採用する」と宣言すればよいのです。きっと、メンバーにすんなりと受け入れてもらえるでしょう。

●マインドマップを利用することの理解を得よう

1つ前のトピックに似ていますが、マインドマップを描いていると、それをよく知らない人からは「遊んでいる」と誤解される場合が多いです。職場でスケッチブックを広げ、サインペンで絵を描いているとなると、そういった誤解を受けてもしかたがない部分があります。

プロジェクトマネージャや新人を指導する立場にあるベテランは、そのような誤解を受けないように、周囲の人たちに対し事前に根回しをしておくなど、サポートする必要があります。また、そういった立場にある人が率先して"周りに見えるように"マインドマップを利用するのもよいでしょう。偉い人たちが使っているのなら…と、メンバーも安心感を持って利用することができます。

一方、管理者以外の立場の人は、自分の上司などに業務の一環としてマインドマップを使うことをあらかじめ説明しておくことが大事です。

無用な誤解を受けないように、根回しをしておきましょう。

●新人と先輩のコミュニケーションに活用しよう

　マインドマップは主に自分の思考を発散させたり気づきを得たりといったことに活用しますが、それ以外にも身の回りのコミュニケーションにも活用できます。マインドマップには思考の流れが図として描かれます。このため、順を追って見ていくことで、それを描いた人が何をどう考えたのかをつかみやすくなります。この性質を新人や部下の指導に活かすことができます。

　たとえば新人に何かを検討してもらうとします。検討が終わったところで先輩がレビューするのですが、その際に先輩が苦労しがちなのは「新人が何をどう考えてその結論を出したのか、どのように仕上げたのか」という過程を理解することです。うまく理解できないので新人に質問をするのですが、新人はまだまだ自分の考えを他人に説明することに慣れていないので、うまくいきません。これではお互いにストレスが溜まってしまいます。ここにマインドマップを活用します。新人に検討してもらう際のツールとしてマインドマップを使ってもらいます。これにより、新人の思考が見える化されますので、先輩が新人の考えを理解しやすくなりますし、新人も先輩に自分の考えを伝えやすくなります。本書でも、先輩が若者が描いたマインドマップを確認し、コメントを書いた付箋紙を貼るという場面がありました。このような形で指導用のツールとしても利用することができます。

　その際に注意したいことがあります。マインドマップは描いた人それぞれの思考の流れが表現されます。ですから、その**マインドマップを否定することは人格否定にも近い行為**となってしまいます。最悪の場合、モチベーションをそいでしまうことにもつながりかねませんので気をつけましょう。

◐マインドマップをブレインストーミングに活用しよう

　マインドマップは基本的には一人で描いていくものですが、多人数で1枚のマインドマップを作成してもよいでしょう。具体的にはブレインストーミングで活用することができます。複数人で集まりマインドマップを囲んで「あーでもない」「こーでもない」とやっているうちに自然とメンバーの意識の方向が共有されます。また、そのような共創の過程でチームワークが醸成されます。

　ただし、これを実施する場合にはブレインストーミングの基本である「傍観者を作らない」ことが非常に重要です。また、アイデアを自由に出すことが目的ですので、各人が描いた内容を批判したり却下することがないように気をつける必要があります。マインドマップとブレインストーミングやレビューに慣れた人がモデレータを担当するとうまくいくでしょう。

◐手描きマインドマップの整理・保存にソフトを活用しよう

　手描きによるマインドマップを何枚も作成していると、徐々に管理が大変になってきます。机にうず高く積まれた書類の束にいつの間にか紛れてしまって見つからなかったり、見つけたとしても、せっかく作成したマインドマップがくしゃくしゃになってしまったりした経験があるのではないでしょうか。

　図面管理と同じようにIDを付けてファイリングすることもできますが、これもなかなか大変です。また、複数の人にマップを回覧する必要が生じた場合、何枚もコピーを取って回さなければなりません。

　これを解決するひとつの方法として、手描きのマインドマップをスマートフォンやデジタルカメラで撮り、それをアルバムソフトで管理するという方法があります。

●マインドマップ作成ツールを活用しよう

　筆者らはマインドマップは手描き派です。ただし、デジタルツールを使わないというわけではありません。デジタルツールには「紙やペンがなくてもマインドマップを描ける」「何度でも描き直しがしやすい」「データ保存できる」といったような利点があります。

　マインドマップを扱うことができるソフトウェアとしては、トニー・ブザン氏に承認された公式ツール「iMindMap」があります。

　ツールに関して筆者らは「思考の発散はアナログには負けるが、思考の収束やデータの取り回しが便利」と感じています。アナログとデジタルの良い点を活かす形で、ソフトも活用していくとよいでしょう。

10.4 Chapter 10 のまとめ

- ソフトウェアテストも多くの作業工程がある"テストウェアの開発作業"であり、マインドマップを活用することができる

- さらにソフトウェアテストの品質を上げるためにさまざまな観点から技術向上しよう

- マインドマップをうまく使うためには、さまざまなコツをつかもう

ブックガイド

　本書を読んでソフトウェアテストやマインドマップにより興味を持たれた方もいるかと思います。また、本書の内容を実践したり、さらに効果を上げていきたいと考えている方もいることでしょう。また、本書をきっかけとしてさらにソフトウェアテストの技術を向上したり、チームや組織を改善していきたいと考える方もいることでしょう。

　ここではそのような方々に向けて、著者たちのおすすめの書籍を解説を交えて紹介します。長いソフトウェアテスト道の道先案内として、活用していただければと思います。

向上心あふれる初級者が次に読むべき本

知識ゼロから学ぶソフトウェアテスト【改訂版】
高橋寿一 著／翔泳社／2013年

　ソフトウェアテストに関わる人が、最低限知っておかなければならない知識を網羅しています。だからといって取っつきにくい本ではありません。軽妙な文体で書かれており、読み進めると知らず知らずのうちに知識が増える不思議な本です。しかも、かばんの中に入れて持ち歩ける大きさです。この改訂版は初版から大きく改訂されているので、すでに読んだ方にもおすすめです。

ソフトウェア・テストの技法 第2版
Glenford J.Myers、Tom Badgett、Todd M.Thomas、Corey Sandler 著
長尾 真 監訳／松尾正信 訳／近代科学社／2006年

　ソフトウェアテストの本といったら、この本しかない時代が長く続きました。そのため、先輩からこ

の本を紹介されることが多いかもしれません。しかし、古い本（原著は1979年初版）だからといって馬鹿にしてはいけません。テストをする際に知っておかなければいけない知識をぎゅっと詰め込んであるため（この本も240ページと薄めです）、今でもその価値は失われていません。

その他参考文献

- テスターちゃん【4コマ漫画】
  URL http://testerchan.hatenadiary.com/

ソフトウェアテスト全般を知りたい人が次に読むべき本

ソフトウェアテスト入門 押さえておきたい ≪要点・重点≫

ソフトウェア・テストPRESS編集部 著
技術評論社／2008年

　『ソフトウェア・テストPRESS』と『エンジニアマインド』両誌に掲載された記事から初級者向けの記事を集めた本です。ソフトウェアテストについて、幅広い知識を得ることができます。

ソフトウェア・テストPRESS総集編

ソフトウェア・テストPRESS編集部 著／技術評論社／2011年

　『ソフトウェア・テストPRESS』の特別総集編です。全バックナンバー（Vol.1～10）がPDF収録されたCD-ROMが付属しており、困ったときの資料としても役に立ちます。

その他参考文献

- 『体系的ソフトウェアテスト入門』
  Rick D.Craig, Stefan P.Jaskiel 著／宗 雅彦 監訳／成田光彰 訳
  日経BP社／2004年

- 『ソフトウェアテスト教科書 JSTQB Foundation 第3版』
  大西建児、勝亦匡秀、佐々木 方規、鈴木 三紀夫、中野直樹、町田欣史、湯本 剛、吉澤智美 著／翔泳社／2011年
- 『ソフトウェアテストの基礎：ISTQBシラバス準拠』
  Dorothy Graham、Erik Van Veenendaal、Isabel Evans、Rex Black 著
  秋山浩一、池田 暁、後藤和之、永田 敦、本田和幸、湯本 剛 訳
  ビー・エヌ・エヌ新社／2008年

テスト設計技法を極めたい人が次に読むべき本

はじめて学ぶソフトウェアのテスト技法
Lee Copeland 著／宗 雅彦 訳／日経BP社／2005年

　テスト技法と言えば、境界値テストしか思いつかない人が残念ながらいます。テストにはさまざまな技法が存在します。この本は多くの技法を取り上げ、演習問題を通して学ぶことができます。

ソフトウェアテスト実践ワークブック
Rex Black 著／成田光彰 訳／日経BP社／2005年

　この本もテスト技法を演習を通して学ぶことができます。特長は、仮想のプロジェクト事例を使って、さまざまなテスト技法を紹介していることです。テスト技法を実際のプロジェクトに適用するヒントが得られます。

ソフトウェアテスト技法ドリル
テスト設計の考え方と実際
秋山浩一 著／日科技連出版社／2010年

　ソフトウェアテストを点・線・面・立体でとらえ、例題を交えながら丁寧に解説しています。テスト設計技法をガッチリと学びたいときに最適です。

その他参考文献

- 『ソフトウェアテスト技法』
  Boris Beizer 著／小野間 彰，山浦恒央 訳／日経BP社／1994年
- 『実践的プログラムテスト入門』
  Boris Beizer 著／小野間 彰，山浦恒央，石原成夫 訳／日経BP社／1997年
- 『ソフトウェアテストHAYST法入門
  品質と生産性がアップする直交表の使い方』
  秋山浩一 著／日科技連出版社／2007年
- 『事例とツールで学ぶHAYST法
  ソフトウェアテストの考え方と上達のポイント』
  秋山浩一 著／日科技連出版社／2014年

テストの管理者を目指す人が次に読むべき本

現場の仕事がバリバリ進む
ソフトウェアテスト手法

高橋寿一，湯本 剛 著／技術評論社／2006年

　現役バリバリのテスト技術者とテストコンサルタントが、テストの管理で現場が困っているところを丁寧に解説しています。テストというと技法の話が中心になってしまいがちですが、このような管理の本こそが、現場の生産性を上げます。

ソフトウェアテスト293の鉄則

Cem Kaner, James Bach, Bret Pettichord 著
テスト技術者交流会 訳
日経BP社／2003年

　ソフトウェアテストに関する勘所がこれでもかと書かれている本です。テスト戦略の立て方やテスト管理の具体的な方法など、管理者が知りたいと思っている項目が293も書かれています。項目ごとに独立して読めますので、時間がなくても必要な箇所だけ読むという使い方ができます。

その他参考文献

- 『基本から学ぶテストプロセス管理』
  Rex Black 著／トップスタジオ 訳／テスト技術者交流会 監訳
  日経BP社／2004年
- 『ソフトウェアテスト12の必勝プロセス』
  Rex Black 著／トップスタジオ 訳／テスト技術者交流会 監訳
  日経BP社／2005年
- 『プロジェクトマネジメント知識体系ガイド PMBOKガイド 第6版』
  Project Management Institute, Inc. 著／
  Project Management Institute, Inc.／2018年

負荷テストについてもっと詳しく知りたい人が次に読むべき本

.NETエンタープライズWebアプリケーション開発技術大全 Vol.4
セキュアアプリケーション設計編

赤間信幸 著／日経BPソフトプレス／2004年

　タイトルに「.NET」と入っており、かつ、テストという文字が入っていないため、手に取ることが少ないかもしれません。しかし、この本は負荷テスト（性能テスト）の基礎についてしっかりと書かれています。

その他参考文献

- 『Microsoft Visual Studio 2005によるWebアプリケーションテスト技法』
  赤間信幸 著／日経BPソフトプレス／2007年
- 『Integrated Approach to Web Performance Testing: A Practitioner's Guide』
  B. M. Subraya 著／Irm Pr／2006年
- 『The Art of Application Performance Testing:
  From Strategy to Tools 2nd Edition』
  Ian Molyneaux 著／O'Reilly Media／2014年

非機能要求とアーキテクチャに関連する知識を知りたい人が次に読むべき本

●非機能要求とアーキテクチャ分析 WG報告書

非機能要求とアーキテクチャ分析WG 著／独立行政法人情報処理推進機構／2011年

`URL` https://www.ipa.go.jp/files/000004570.pdf

非機能要求とアーキテクチャについての知識を得ることで、テストで狙うべき箇所が理解できます。

テスト自動化についてもっと詳しく知りたい人が次に読むべき本

システムテスト自動化 標準ガイド

Mark Fewster, Dorothy Graham 著

テスト自動化研究会 訳

翔泳社／2014年

システムテストの自動化に取り組むうえでの課題や解決策、注意点などを体系立てて解説されています。テスト自動化に取り組むうえでの素養を学ぶことができます。

初めての自動テスト
Webシステムのための自動テスト基礎

Jonathan Rasmusson 著／玉川紘子 訳

オライリージャパン／2017年

Webシステムのテストを自動化する際に、その入門的知識を与えてくれます。初級者にも理解しやすい内容です。

ソフトウェア品質保証についてもっと詳しく知りたい人が次に読むべき本

ソフトウェア品質保証の考え方と実際
オープン化時代に向けての体系的アプローチ

保田勝通 著／日科技連出版社／1995年

ソフトウェアの品質保証について、従来日本が実践してきたさまざまな取り組みを、体系立ててわか

りやすく説明しています。ソフトウェアの品質保証におけるソフトウェアテストの立ち位置や、品質に対する欧米と日本の考え方の違い、組織としてどうあるべきかについて言及されています。管理者を目指すなら必読本と言えるでしょう。

ソフトウェア品質保証入門
高品質を実現する考え方とマネジメントの要点
保田勝通, 奈良隆正 著／日科技連出版社／2008年

　『ソフトウェア品質保証の考え方と実際』をコンパクトにして新しい話題が追加されています。初級者はまずこちらから読んでもよいでしょう。

その他参考文献

- 『ソフトウェア品質保証の基本：時代の変化に対応する品質保証のあり方・考え方』
  梯 雅人, 居駒幹夫 著／日科技連出版社／2018年
- 『ソフトウェア品質保証システムの構築と実践
  人間重視の品質マネジメント』
  堀田勝美, 宮崎幸生, 関 弘充 著／ソフト・リサーチ・センター／2008年

ソフトウェアテストの新たな動きについて知りたい人が次に読むべき本

実践アジャイルテスト
テスターとアジャイルチームのための実践ガイド
Lisa Crispin、Janet Gregory 著／榊原 彰 監訳・訳
山腰直樹、増田 聡、石橋正章 訳／翔泳社／2009年

　国内でも導入や適用が進んでいるアジャイル開発において、ソフトウェアテストにどのように取り組んでいくかが丁寧に解説されています。もし読者がアジャイルチームに属しているならば多くの示唆を与えてくれるでしょう。

テスト駆動開発

Kent Beck 著／和田卓人 訳／オーム社／2017年

テストはなにもテスト技術者だけが行うものではありません。近年では、開発者が行うプログラミングはxUnit等を利用したテスト駆動開発スタイルで行われることが一般的になりつつあります。本書はその考え方を深く知ることができます。

その他参考文献

- 『TPI NEXT　ビジネス主導のテストプロセス改善』
  薮田和夫，湯本 剛，皆川義孝 著／トリフォリオ／2015年
- 『テストから見えてくる　グーグルのソフトウェア開発』
  James A. Whittaker, Jason Arbon, Jeff Carollo 著／長尾高弘 訳
  日経BP社／2013年

ソフトウェアテストに関連する体系を知りたい人が次に読むべき本

ソフトウェア品質知識体系ガイド SQuBOK Guide V2（第2版）

SQuBOK策定部会 編／オーム社／2014年

本体系はソフトウェア品質に関するさまざまな技術を体系的に整理しており、ソフトウェアテストについても大きなページを割いて整理されています。ソフトウェアテストとその周辺の技術についてその概要を知ることができます。

◉ISO/IEC/IEEE 29119 Software Testing（Part 1〜5）

ISO/IEC JTC1/SC7 Working Group 26 策定／2013年〜2016年

URL http://www.softwaretestingstandard.org/

ソフトウェアテストに関する国際標準です。プロジェクトによっては、このような規格への適合性が求められる場合があります。また、これから組織内にテストプロセスを整備しようとする際にリファレンスとして参考にすることができます。

マインドマップについてもっと詳しく知りたい人が次に読むべき本

マインドマップ for kids
勉強が楽しくなるノート術
Tony Buzan 著／神田昌典 訳／ダイヤモンド社／2006年

子供向けの本だとあなどってはいけません。マインドマップについて書かれた本を何冊も読むよりも、この本を眺めているだけで（読むのではありません）、なんとなくマインドマップが描けるようになります。

ソフトウエア開発に役立つマインドマップ
チームからアイデアを引き出す図解・発想法
平鍋健児 著／日経BP社／2007年

マインドマップをソフトウェア開発にどのように適用させるかについて書かれている本です。マインドマップの可能性について知ることができます。

その他参考文献

- 『新版 ザ・マインドマップ』
  Tony Buzan、Barry Buzan 著／近田 美季子 訳／ダイヤモンド社／2013年
- 『マインドマップ 最強の教科書』
  Tony Buzan 著／近田 美季子 監訳／石原 薫 訳／
  小学館集英社プロダクション／2018年
- 『記憶力・発想力が驚くほど高まるマインドマップ・ノート術』
  William Reed 著／フォレスト出版／2005年
- 『マインドマップ仕事術』
  中野禎二 著／秀和システム／2016年

その他、Webで参照できる公開資料（一部）

テストの基礎的技術を学びたい

- ISTQBシラバス、用語集
  URL http://jstqb.jp/syllabus.html
- ASTERセミナー標準テキスト
  URL http://aster.or.jp/business/seminar_text.html

テスト設計について知りたい

- テスト設計コンテスト関連資料
  URL http://aster.or.jp/business/contest.html

テストツールについて知りたい

- テストツールまるわかりガイド
  URL http://aster.or.jp/business/testtool_wg.html

インシデント管理（バグ管理）について知りたい

- はじめてのバグ票システム 導入実践ガイド
  URL http://naite.swquality.jp/?page_id=40

ソフトウェアテストのスキル標準について知りたい

- Test.SFF
  URL http://aster.or.jp/business/testssf.html

INDEX

■アルファベット

BTS	176
CIツール	199
CPM法	47
Excelでの管理	176
IEEE 29119	112, 192
IEEE 829	91, 92
ISO/IEC 33063	202
ISTQB	196, 201
JaSST	202
PMBOK	107
SQiPシンポジウム	203
Test.SSF	70, 202
V字モデル	28
WACATE	203

■あ行

アジャイル	28
アプローチ	94, 98
異常	15, 163
〜の分類	169
意地悪漢字	131
インシデントレポート	33, 158, 160, 169
〜のテンプレート	170
受け入れテスト	28, 30, 34
運用対応テスト	99
エンタープライズ系	82
〜の開発	110
オペレーションテスト	83, 99

■か行

開発工程	28
開発成果物	32
画面仕様書	50
キーワード	52, 168
期待結果	150
基本設計	28, 29
疑問点を書き残す	81
境界値分析	56
業務シナリオテスト	83, 99
組込み系	82
継続的インテグレーション	199
限界性能	148
限界テスト	150
構成管理	180
構成テスト	83
構造仕様書	29
構造設計	28, 29
合否判定基準	104
互換性テスト	83
顧客の振る舞い	122
故障処理票	160
コンポーネントテスト	28, 30, 34

■さ行

再構築案件	140
再テスト	167
サニタイジング	57
三色ボールペン	88
システム仕様書	29
システムテスト	28, 30, 32, 34
実装	28, 29
自動化	198, 215
指導用ツール	207
障害管理票	160
障害検知テスト	83
障害対応／障害復旧テスト	83
詳細仕様書	29
詳細設計	28, 29
仕様書の質	47
仕様分析	32, 33, 66, 67, 72
進捗管理	180
ストレージテスト	83
成果物	27
性能テスト	83, 99
性能要件	117, 118
性能要件テスト	150
セキュリティテスト	83
セントラルイメージ	39
ソフトウェアテスト	14, 21
ソフトウェアテスト標準用語集	82
ソフトウェア品質保証	215

■た行

タートル図	130
対立漢字	132
デシジョンテーブル	157
テストアーキテクチャ設計	71
テストウェア	34
テスト観点	130, 197
テスト管理	200, 213
テスト技法	212

テスト計画	32, 33, 67, 90
〜を立てる	96
テスト計画書	33, 90
テストケース	33, 134, 137
〜の種類	157
〜のテンプレート	155
テスト工程	28, 30, 34
テスト項目	128, 130, 135, 157
テスト作業進捗管理	180
テストサマリレポート	33
テスト実行	32, 33, 67, 158
テスト実装	32, 33, 67, 134, 138
テスト自動化	198, 215
テストシナリオ	121, 137, 141
テスト詳細設計	71
テスト仕様書	33, 128
テストスクリプト	199
テスト設計	32, 33, 50, 67, 114, 117
テスト設計技法	195, 212
テスト対象外機能	103
テスト対象機能	103
テストタイプ	82, 83, 109
〜の追加	102
テスト中止基準	105
テストツール	199
テスト手順	137, 157
テストの種類	94
〜を検討する	75
テストパラメータ	136, 141
テスト評価	71
テスト報告	32, 33, 67, 178
テスト報告書	33, 184
〜のテンプレート	181
テストマネジメント	201
テストメジャー	192
テストメトリクス	192
テスト要求分析	70
テストライフサイクル	70
テストログ	33, 158, 160, 162
〜をまとめる	164
デバッグ	16
テンプレート	134, 155, 170, 181
統合テスト	28, 30, 34
同値分析	56
トランザクション	119

■は行

バージョン管理	199
バグ	15
バグ票	33, 160
パラメータ	151
非機能要求	76, 215
品質保証	215
負荷テスト	99, 114, 117, 214
負荷のかけ方	143
不具合	15, 163
不具合票	160
ブランチ	39, 41
振る舞い	122
ブレインストーミング	208
プログラムコード	29
プロジェクトマネジメント知識体系	107
ボリュームテスト	83, 86, 99

■ま行・や行・ら行

マインドマップ	38, 60, 218
〜の描き方	42
〜の効果	46
〜の法則	62
〜のルール	40
〜を活用する	204
マインドマップ作成ツール	209
マトリクスチェックリスト	157
マニュアルテスト	83, 99
マンダラート	110
メイン・ブランチ	41, 52
ユーザビリティテスト	83
要求分析	28, 29
要求をまとめる	81
要件定義書	29, 74
ラッシュテスト	83, 86, 99
ローリング・ウェーブ計画法	108
ロジカルシンキング	100
ロングランテスト	83

あとがき

　本書初版から約12年、再版のご要望に対して、こうして改訂新版をお届けすることができてほっとしています。

　この間ソフトウェアテストに関する物事は大きな進歩や変貌を遂げたり、新たな動きが生まれたりと激変しています。Webサービスやアプリといったドメインが存在感を増し、国内のエキスパートによる新たなテスト手法が提案されたり、多くの書籍が発行されました。テスト技術者やQA技術者が専門ロールとして認識されるようにもなりました。

　ただ、12年前からあまり変わっていないこともあります。本書でも述べた「職場配属されて最初の仕事はテストの手伝いであることが多い」という現状です。テスト技術の教育講座がある学校を卒業しない限り、現場配属時にテストの知識を所持しているということはまれで、テストにうまく取り組めません。また、近年の第三者検証会社の旺盛な求人によりテストの経験が無いか少ない方が転職するということが増えており、派遣先で困ったという声を聞くことも少なくありません。

　初版のあとがきでも述べましたが、本書の対象読者のような、現場に配属されたばかりの「テストと言われても右も左もわからない」というような新人や初級者がまず最初に悩む「テストという仕事は、どのようなモチベーションで、どういう作業があって、その作業はどんな順番でやるべきか」という"作業の段取り"を、優しい語り口で、できるだけ現場目線で伝えることを大切にしました。また、さまざまな局面での検討や試行錯誤を助ける道具としてマインドマップを紹介しました。

　本書は読みやすさを重視して構成していますが、読むだけでなくぜひマインドマップを写経していただきたいです。テストの現場を疑似体験することができますし、テスト技術者の思考のひとつを身をもって知ることができます。

　テスト技術者の入門書としてご愛読いただいている本書ですが、この改訂新版もそうなれば幸いです。

　最後に、改めて感謝を申し上げます。

　有識者の方々には多くのアドバイスをいただきました。本書の実践事例を発表いただいた方々や読者の方々にはたくさんのフィードバックをいただきました。技術コミュニティの方々には勉強会を開いていただきました。深く感謝申し上げます。

　そして、常日頃からサポートしてくれている家族に感謝いたします。ありがとう。

池田　暁

初版から12年経ち、ソフトウェア開発のスタイルも変わり、テスト技術も進化しています。アジャイル開発やクラウドなどが一般的になってきています。Chapter 3のコラムで取り上げたように、テスト要求分析やテストアーキテクチャ設計といったテストプロセスの上流工程についての研究が深まり、探索的テストも広まっています。

　改訂の企画が持ち上がったとき、これらの変化を反映させるべきか検討しました。結果見送りました。これらの変化を取り込むことはできますが、初版の良さが無くなってしまうと結論づけました。そのため最小限のアップデートになっています。

　本書のターゲットは新人や初級者です。最新動向よりも基本を学ぶことが大切です。ソフトウェアテストに関して学び始めると、テスト技法に興味を持ち熱心に勉強しがちです。しかし、知識が増えたにも関わらず、仕事に活かせず伸び悩んでいる方々をたくさん見てきています。「新人や初級者がまず学ぶべき内容はテストプロセスだ」というのが本書の主張です。

　本書のもう一つの特徴であるマインドマップについても触れておきましょう。初版のあとがきにも書きましたが、マインドマップは描かなくてもよいです。テスト計画書、テストケース、テスト報告書などをマインドマップを使わずに作成できるのであれば、遠回りせずに直接作ったほうが時間の節約になります。

　では、なぜマインドマップを描くのか。それは思考過程が図として残るからです。テストケースを例にして説明します。新人や初級者の場合、自分が作ったテストケースをレビューしてもらう機会が多いと思います。先輩から「このテストケース、もう一度考え直して」という指摘があったとき、何をどう考え直せばよいのかわからず、途方にくれるかもしれません。思考過程が残っていれば、どこで考え間違いしたのかわかります。また、先輩の指導も仰ぎやすくなります。だからマインドマップを描くのです。

　本書を読んでわからないところがありましたら、気軽に質問してください。筆者らは頻繁に勉強会やイベントを開催していますので、直接聞いていただいても構いません。

　最後に本書の出版には多くの方のご協力がありました。心より感謝申し上げます。

鈴木 三紀夫

■ご注意

本書の内容に関して、電話でのお問い合わせにはお答えできません。お問い合わせはFAX（03-3513-6183）、郵送による書面のほか、小社ホームページのお問い合わせフォームをご利用ください。

URL https://gihyo.jp/book/2019/978-4-297-10506-8

なお、本書の内容の範囲を越えるご質問にはお答えできませんのでご了承ください。

- ●カバー／表紙デザイン
  安達 恵美子
- ●本文デザイン／レイアウト
  田中 望
- ●本文イラスト
  深蔵
- ●編集協力
  小坂 浩史
- ●編集
  緒方 研一

[改訂新版]
マインドマップから始める
ソフトウェアテスト

2007年 7月25日 初　版　　第1刷発行
2019年 4月27日 第2版　　第1刷発行

著者	池田 暁／鈴木 三紀夫
発行者	片岡 巌
発行所	株式会社技術評論社 東京都新宿区市谷左内町21-13 電話 03-3513-6150　販売促進部 　　　03-3513-6166　書籍編集部
印刷／製本	港北出版印刷株式会社

定価はカバーに表示してあります。

本書の一部または全部を著作権の定める範囲を越え、無断で複写、複製、転載、データ化することを禁じます。

©2007-2019　池田 暁、鈴木 三紀夫

造本には細心の注意を払っておりますが、万一、乱丁（ページの乱れ）や落丁（ページの抜け）がございましたら、小社販売促進部までお送りください。送料小社負担でお取り替えいたします。

ISBN978-4-297-10506-8　　C3055

Printed in Japan